北京大学现代数学丛书

PEKING UNIVERSITY SERIES IN CONTEMPORARY MATHEMATICS

数学动力学模型
在生物物理和生物化学中的应用

葛颢
〔美〕钱纮　著

北京大学出版社
PEKING UNIVERSITY PRESS

图书在版编目(CIP)数据

数学动力学模型：在生物物理和生物化学中的应用/葛颢，（美）钱纮著.
—北京：北京大学出版社，2017.3
（北京大学现代数学丛书）
ISBN 978-7-301-28032-4

Ⅰ.①数… Ⅱ.①葛… ②钱… Ⅲ.①数学模型—应用—生物物理学
②数学模型—应用—生物化学 Ⅳ.①Q6 ②Q5

中国版本图书馆 CIP 数据核字（2017）第 024344 号

书　　　　名	数学动力学模型：在生物物理和生物化学中的应用	
	SHUXUE DONGLIXUE MOXING	
著作责任者	葛颢　〔美〕钱纮　著	
责 任 编 辑	曾琬婷	
标 准 书 号	ISBN 978-7-301-28032-4	
出 版 发 行	北京大学出版社	
地　　　　址	北京市海淀区成府路 205 号　100871	
网　　　　址	http://www.pup.cn　新浪微博：@北京大学出版社	
电 子 信 箱	zpup@pup.cn	
电　　　　话	邮购部 62752015　发行部 62750672　编辑部 62767347	
印 刷 者	三河市博文印刷有限公司	
经 销 者	新华书店	
	890 毫米×1240 毫米　16 开本　14.75 印张　221 千字	
	2017 年 3 月第 1 版　2018 年 1 月第 2 次印刷	
定　　　　价	68.00 元	

内 容 简 介

　　近十几年来,在重要的生物学工作中越来越多地出现了数学模型的身影,这主要是因为实验技术的发展和生物知识的积累使得人们迫切希望整合零散的、局部的生物学发现,以形成对生命体整体的认识.数学模型在这方面已经并将继续起到关键的作用.另外,近些年来单分子和单细胞实验技术的突飞猛进使得生命体内的很多随机现象得到了细致的观测,但是对这些观测数据的分析需要用到较为深入的数学知识,特别是随机数学模型.这些数学分析有助于生物学家揭开细胞内很多随机现象的分子机制.这是个新兴的学科,国内外这方面的教材很少.

　　本书紧扣生物学前沿,系统讲解与细胞生物学、分子生物学、神经生物学等有关的生物物理及生物化学系统建模方面的知识和方法.主要的数学工具会涉及常微分方程定性理论和概率论、随机过程等,这些都有相应章节进行专门的介绍.本书的特点在于用数学的语言描述和刻画化学过程和生命活动,在不失严格性的同时丰富学生的眼界,让学生领略到学科交叉的魅力.

序

　　经过近 20 年的发展, 中国数学取得了长足的进步。 中国在数学后备人才培养和学术交流等方面做出了不少突出的成绩, 成为国际数学界不可忽视的力量。 每年, 全国各大高校、科研院所举办的各类数学暑期学校、讲座、讨论班, 既有基础数学知识的讲授, 也有最新国际前沿研究的介绍, 受到师生、学者的热烈欢迎。 这些学术活动不仅帮助广大师生、科研人员进一步夯实数学基础, 也为他们提供了一个扩展视野、接触数学前沿的绝佳机会, 对中国现代数学的发展起到了重要的推动作用。

　　在中央政府和北京大学的支持下, 北京国际数学研究中心于 2005 年成立。北京国际数学研究中心借助自身的独特优势, 每年邀请众多国际一流数学家前来参加或主持学术活动, 在国内外产生了广泛影响。北京国际数学研究中心与北京大学数学科学学院密切合作, 每年通过 "特别数学讲座"、教育部 "拔尖人才" 计划等形式, 邀请国际著名数学家前来做系列报告, 讲授基础课程, 与师生互动交流, 反响热烈。2009 年, 北京国际数学研究中心启动 "研究生数学基础强化班", 在全国各大高校挑选优秀研究生和高年级本科生到北京大学进行一个学期的集中学习, 这亦是我们人才培养的一个新的尝试。目前, 已有不少 "强化班" 的学生取得了前往世界著名院校学习的机会。 毋庸置疑, 北京大学数学学科在学术交流和人才培养方面取得了很多卓有成效的经验, 做出了令人瞩目的成绩。

　　"北京大学现代数学丛书" 主要面向数学及相关应用领域的高年级本科生、研究生以及科研人员, 以北京大学优秀数学讲座、暑期学校、"研究生数学基础强化班" 等广受师生好评的项目活动的相应讲义为基础内容, 同时也吸收了其他高校的优秀素材。我们希望 "北京大学现代数学丛书" 能帮助青年学生和科研人员更好地打实数学基础, 更深刻地理解数学前沿问题, 进而更有效地提高研究能力。

田　刚
2012 年 10 月 10 日
北京大学镜春园

前　　言

　　数学动力学模型在生物物理和生物化学中的应用,可以追溯到 20 世纪的四五十年代,甚至更早,但是其作为一门新兴的交叉学科得到学界广泛的认可还是最近这 20 年左右的事情.这是因为在此期间,生物学实验的定量水平得到了飞速的提升,无论是在时间分辨率、空间分辨率还是在实验通量上都已经是今非昔比;而要从这些精确定量所取得的实验数据中寻找出生物学的客观规律,是离不开数学及其模型的.同时,由于实验技术的发展和生物知识的积累,使得人们迫切希望整合零散的、局部的生物学发现,以形成对生命体整体的认识,在这方面数学模型也已经并将继续起到关键的作用.

　　本书通过很多具体生动的生物物理和生物化学的例子,较为系统地讲解了常用数学动力学模型的基本建模方法和分析手段,包括确定性模型和随机性模型.这些模型近十几年来被广泛应用于分子生物学和细胞生物学中,已经成为生物学科必不可少的一部分.我们在本书中所选择的例子大多数是近 10~20 年国际上优秀的科研成果,其中就包括最近这一两年内刚刚发表在高水平杂志上的内容.

　　本书主要涉及的数学工具是常微分方程定性理论和概率论、随机过程等.对于这些数学内容都有相应的章节予以介绍,而对于书中所涉及的物理学、化学乃至生物学知识也都有适当的讲解,以保持本书的完整性.本书的特点在于用数学的语言描述和刻画化学过程和生命活动,在不失严格性的同时丰富学生的眼界,让学生领略到学科交叉的魅力.我们希望通过学习这些建模方法在各种不同的生物物理和生物化学模型中的应用,读者可以掌握这些方法并将其灵活运用于自己的科研活动中.

　　由于这是个新兴的学科,因此国内外这方面的教材很少,特别是讲解随机模型的.即使是和国内外已有的类似教材相比,本书也是很有特色的,主要在于它紧跟过去 10~20 年生物学实验上的进展和较为重大的发现, 具有相当的前沿性和及时性. 又由于作者有数学的学科背景, 因此本书还具有相当的系统性和严格性, 这也是区别于已有教材的地方.

本书可以用来在综合性大学的理科专业, 特别是生物学专业和数学专业, 开设一学期的课程, 面向对这一学科有兴趣的理科研究生以及高年级的本科生. 不过本书不包括统计学模型, 需要了解这一部分的读者可以参阅其他相关书籍.

本书主要是在两位作者各自所在大学的授课讲义基础上完成的, 要感谢为课程讲义提出过意见和建议的各位同学, 包括张玉豪、赵诗杰、于宙、金晓、艾广阔、吴晨晖、周沛劼等. 也特别感谢北京大学出版社的曾琬婷编辑对本书稿件的多次阅读并提出宝贵意见. 最后感谢我们的家人对我们工作的支持.

葛 颢

北京大学北京国际数学研究中心

北京大学生物动态光学成像中心

钱 纮

美国西雅图华盛顿大学应用数学系

2016 年夏

目　　录

第一部分　背景知识

第二部分　确定性动力学模型

第一部分

背 景 知 识

第一章   学科背景与细胞生物学基础

§1.1   背   景

在过去将近 100 年的时间里，生物学界发生了翻天覆地的变化.
随着电子显微镜、扫描隧道显微镜以及荧光标记等实验技术的迅猛发
展，生物学已经可以深入生命体的内部，人们对于细胞的分子学结构
以及实现细胞功能的各种生物学路径都有了比较清晰的认识，其定量
程度也越来越高，已经到达单细胞和单分子的层次.

总的来说，定量的实验数据分两类：第一类是动力学数据，具有
极高的时间和空间分辨率，其代表为单分子实验；第二类是静态数据，
具有极高的通量，其代表为基因组和转录组的测序. 对于时间和空间
高分辨率的数据，我们通常使用的是动力学模型，比如常微分方程、
偏微分方程、反应扩散过程和化学主方程等等；对于高通量的数据，
我们常用的是统计学模型，比如回归模型. 现在的实验趋势是二者的
结合，希望得到既具有极高的时间和空间分辨率，又具有极高通量的
数据.

其实，早在 50 年前，Hodgkin 和 Huxley 就凭借着他们在离子通
道的实验和数学模型分析上做出的伟大工作获得了诺贝尔奖. 近 20
年来统计学理论也已经通过强有力地推动 DNA 的测序工作而完全进
入了生物领域，由此诞生了生物信息学 (Bioinformatics). 想当年如果
不是 Waterman 等数学家和计算机学家研究出了一套非常可靠而且实
用的统计方法，生物学家到今天可能依然面对着大量实验数据而一筹
莫展.

2001 年的诺贝尔奖得主 Nurse 说："要正确理解构成细胞系统的
复杂调控网络，需要改变常规思维方式. 我们可能不得不进入一个更
抽象的陌生领域，这个领域更易于用数学进行分析." 著名的系统生物
学家北野宏明 (Kitano) 也说："计算生物学，通过实用建模和理论探
索提供强有力的基础，借以正面处理关键的科学问题." 生物实验结合

数学模型既是生物学定量的需要, 也是数据整合的需要.

本书所涉及的是数学动力学模型, 希望揭示在实验数据中蕴含的动力学规律. 这涉及生命体到底是如何将与生俱来的 DNA 遗传信息表达出来, 而最终形成一个具有功能的器官、组织乃至生命的.

在 20 世纪后半叶, 一大批像 Murray, Peskin, Oster, Keener 这样的生物数学家就已开始尝试用数学动力学模型分析生物系统. 这一工作逐渐发展为一门专门的学科, 称为 "生物数学" 或 "计算生物学". 在 20 世纪, 用来分析生物现象的数学动力学模型中涉及的数学工具主要是常微分方程和偏微分方程. 本书的前半部分将着重介绍常微分方程定性理论在生物物理和生物化学系统中的应用.

而到了最近的 20 年, 随着单分子实验技术的突飞猛进, 人们已经观测到了从单个分子到单个细胞尺度的随机现象; 单分子的观测技术也获得了 2014 年的诺贝尔化学奖. 而对于这种在亚宏观 (也称介观) 生物物理过程中普遍存在的随机性的认识, 从科学问题的提出到新现象的描述, 再到新规律的发现, 都离不开概率论和随机过程的知识, 这也给科学界带来了新的思维方式和研究方法. 在这里, 亚宏观特指微米到纳米尺度.

其实概率论和随机过程在物理学、化学和生物学中的应用早在 20 世纪初就开始了, 概率论与随机过程最早就是源于 19 世纪统计物理学家 Boltzmann, Gibbs 等人对统计力学的研究以及后来物理学家爱因斯坦 (Einstein)、朗之万 (Langevin) 等人在 20 世纪初对于布朗运动微观性质的研究. 在 20 世纪上半叶, 美国科学家昂萨格 (Onsager) 利用随机过程的思想推导出了近平衡态的昂萨格倒易关系, 并因此获得了诺贝尔化学奖; 著名物理化学家 Kramers 和 Delbruck 于 1940 年分别提出了基于随机过程的化学反应速率理论以及化学主方程模型, 引领了其后半个多世纪物理化学和生物物理随机建模的发展. 到了 20 世纪后半叶, 美国化学家 Flory 利用随机过程模型和统计物理方法成功解决了诸多有关高分子空间构象的问题, 其后 Rouse 和 Zimm 等人利用线性随机微分方程提出了一套完整的高分子动力学随机模型, 80 年代 Dill, Wolynes 和 Onuchic 等又成功应用高分子模型和粒子模型等提出了蛋白质折叠的能量漏斗模型. 美国科学家 Magde, Elson 和 Webb

在 1972 年提出了著名的荧光相干分光计技术 (Fluorescent Correlation Spectroscopy, FCS), 可以用来实时研究扩散运动和非线性化学反应动力学, 该技术的理论分析需要对于扩散过程有深刻的认识, 并结合激光束的高斯数学模型, 可以说是随机过程知识在化学实验技术方面的一次典范应用. 特别值得一提的还有: 1991 年诺贝尔生理学或医学奖得主 Neher 和 Sakmann 在 20 世纪七八十年代创立的膜上离子单通道测量的实验方法, 以及应用马氏过程的理论来分析得到的随机数据; 20 世纪末, 由哈佛大学谢晓亮教授开创的室温下单分子涨落的测量技术以及此后兴起的单分子酶动力学 (其数学基础完全就是随机过程). 本书的后半部分将着重介绍随机模型在生物物理和生物化学系统中的应用.

要对于生命活动有更深刻的认识, 光有数学知识是不够的, 还需要物理学知识, 特别是非平衡态热力学和统计物理的知识, 因为几乎所有重要的生物功能都是非平衡态现象. 非平衡态统计物理在具体亚宏观生物物理过程中的应用现在仍然是方兴未艾, 其中未知的数理规律非常值得研究. 诺贝尔物理学奖获得者埃尔温·薛定谔 (Schrödinger) 在 20 世纪 40 年代写的《生命是什么》是 20 世纪最伟大的科学经典之一, 它第一次尝试用物理的规律来探讨生命的秘密, 并且有力地推动了分子生物学的诞生和 DNA 双螺旋结构的发现. 在这部书里, 薛定谔就指出热力学平衡态所对应的只可能是生命体的死亡状态. 之所以活的生命体具有非常有序的结构和功能, 是因为生命体并非孤立系统, 与环境之间时刻发生着物质、能量甚至信息的交换, 从而从环境里中吸取 "负熵" 以避免自身熵的持续增长. 因此这并不违背热力学第二定律.

在此基础上, 布里奇曼 (Bridgman) 和普利高津 (Prigogine) 等在 20 世纪前半叶进一步提出了 "熵产生" 和 "非平衡定态" 的概念, 提出了热力学第二定律在生命体这样的非平衡态开系统中的一般形式, 即熵产生率大于零. 普利高津利用非平衡定态的理论, 成功地揭示了 "化学振荡" 现象的本质. 这是第一次在一个具体的例子里展示给人们看, 一个远离平衡态的开系统, 是如何产生和维持某种宏观有序结构的, 同时也告诉人们, 这并不违背传统的热力学第二定律. 因为这项重要的工作，普利高津获得了 1977 年诺贝尔化学奖. 但是，一直以来对于普利高津科学贡献的争议也持续不断，这里面主要是因为普利高津的理论更多的是在宏观热力学层面，而且比较抽象，在亚宏观尺度的具体生命活动上，很难真正得以广泛应用. 究其原因，正是因为普利高津没有真正利用随机过程这一数学工具. 后来，美国科学院院士 Hill 等在以马尔可夫链为随机模型的简单生化过程中阐明了普利高津理论具体的生物化学意义，这也可以说是非平衡态统计物理在生物物理和生物化学中应用的开端.

　　总之，把数学和物理学的动力学模型用来研究生物化学系统是应用数学的一大趋势，也是生物物理和生物化学学科发展的必然要求. 数学与其他学科的交叉有两个方向：一个方向是其他学科的直观想法可以促进数学思想的发展；另一个方向是严格的数学思维和理论可以反馈并进一步推动其他学科的发展. 我们相信，数学理论，特别是随机过程理论，将越来越多地渗透到物理学、化学乃至生物学的领域，不但能够精确地刻画实验现象，而且一定也会给科学界带来崭新的思维.

§1.2　什么是数学模型

　　数学是一种描述客观世界的语言，数学语言使得我们可以对客观现象做出精确的描述. 数学模型是利用数学语言，包括符号、公式等，在一定的简化和假设下，描述和刻画客观现实的数学结构. 数学建模就是根据现实世界中的实际问题和实际数据，加以提炼总结，抽象为数学模型，并对其进行分析和求解的过程. 数学模型还可以用于预测和控制.

　　从历史上来说，最成功、最伟大的数学模型例子有：在数学内部来说，有笛卡儿的解析几何等；从物理学上来说，有牛顿力学、相对论(黎曼几何)、薛定谔方程、量子力学的群表示论等；从化学上来说，有化学元素周期表、米氏酶动力学、高分子模型等；从生物上来说，有生物信息学、Hodgkin-Huxley 神经元模型等.

　　数学模型的发展和更新当然也离不开与实验数据的比较，但是仅仅依赖实验和测量不会成为真正的科学发现，数学的描述必不可少.

建立数学模型绝不是一件容易的事情: 写下的方程必须基于已知的自然定律或者科学假设, 而后者需要通过令人满意的预测来检验. 科学就是在不断发现新定律以及不断修正旧定律成立的 "条件" 来向前发展的. 为已知的自然定律发现未知的条件, 会使得我们对客观世界的认识更进一步. 这正是数学模型所能做的贡献.

以经典振子为例:

$$m\frac{\mathrm{d}^2 x}{\mathrm{d}t^2} = -kx.$$

这是两个物理定律的结合: 牛顿定律 $\left(m\frac{\mathrm{d}^2 x}{\mathrm{d}t^2} = F\right)$ 和胡克定律 $(F = -kx)$. 前者是适用范围很广的普适定律, 是整个经典力学的基础; 而后者则适用范围很狭窄, 但是脱离了后者的具体信息, 前者能告诉我们的也非常有限[①].

很多时候我们的数学模型都是基于这样两类定律来建立的: 一类是守恒律, 用来确保等号的成立; 另一类则是表示该守恒量增加或者减少的具体表达式.

大体来说, 数学模型有两类: 一类是定量的统计模型, 可以准确拟合和预测实验的结果, 例如开普勒三大天体运动定律以及生物信息学模型等; 另一类是定性的机制模型, 虽然不一定能从量上给予非常准确的预测, 却可以从物理化学的理论角度给出更深层次的认识. 二者结合得最好的当属牛顿的万有引力定律. 遗憾的是, 对于生命体这样复杂的系统, 极少有既在定性又在定量上都很完美的例子. 因此, 对于生物系统建模, 都需要在这二者之间寻找某种平衡.

§1.3 我们对生物细胞知道些什么

1.3.1 化学反应基础知识

基元反应 (elementary reaction), 顾名思义, 即最简单的化学反应步骤, 是一个或多个化学物质直接作用, 一步 (单一过渡态) 转化为反应产物的过程. 微观上看, 所有化学反应过程都是经过一个或多个简

---

① 虽然有限, 但是最重要的预测之一就是机械能守恒.

单的反应步骤 (即基元反应) 才转化为产物分子的. 基元反应是组成化学反应的基本单元. 基元反应中反应物的分子数之和称为基元反应的反应分子数. 根据反应分子数的多少可将基元反应分为三类: 单分子反应、双分子反应和三分子反应. 绝大多数基元反应为双分子反应, 目前尚未发现有分子数大于三的基元反应. 反应分子数还被称为**化学反应的阶**. 比如, $X \rightarrow Y$ 是一阶单分子反应, 而 $A + B \rightarrow C$ 是二阶双分子反应.

除非特别注明, 化学反应方程式一般都表示反应物与产物之间的计量关系, 而不一定代表基元反应, 例如光合作用

$$6CO_2 + 6H_2O \rightarrow C_6H_{12}O_6 + 6O_2.$$

所有的化学反应理论上都是可逆的 (这里的可逆仅指该反应的两个相反方向而已). 生命体中, 绝大部分反应都是在酶的催化下完成的, 被称作催化反应.

1.3.2 细胞, 蛋白质, 脱氧核糖核酸和核糖核酸

生命的基本单位是细胞. 细胞内有细胞核, 细胞核外充满细胞质, 其中有许多细胞器 (如内质网、核糖体、高尔基体、线粒体、叶绿体等), 它们自身也主要是由各种蛋白质组装成的 (图 1.1). 细胞基本可分为两大类: 原核细胞和真核细胞. 细菌界和古菌界的生物由原核细胞构成; 原生生物、真菌、植物和动物均由真核细胞构成.

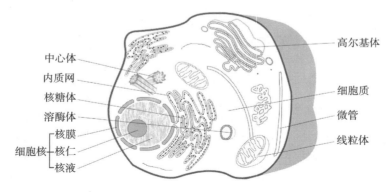

图 1.1 动物细胞

细胞中的基本物质有蛋白质、脱氧核糖核酸 (DNA)、核糖核酸 (RNA) 以及许多其他种类的分子. 蛋白质是生命的基本物质，它是由氨基酸的长序列 (肽链) 折叠而成的大分子. 天然的氨基酸一共有 20 种，它们的主链相同，但是具有不同的残基 (在肽链中也称每个氨基酸为残基)(图 1.2(A)). 最终蛋白质肽链将形成三维结构，发挥其生物功能 (图 1.2(B)，(C)).

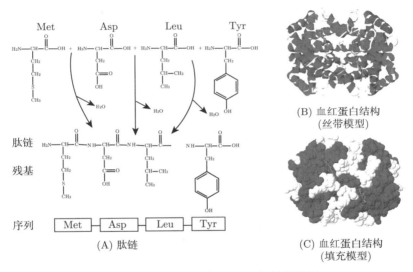

(B) 血红蛋白结构
(丝带模型)

(C) 血红蛋白结构
(填充模型)

(A) 肽链

图 1.2 蛋白质的结构. (A) 一级结构举例；
(B) 二级结构举例；(C) 三级结构举例

生物体的每个细胞核中都有若干条染色体，承载着遗传信息. 染色体是 DNA 序列卷成的双螺旋，而在细胞的不同生活阶段，染色体的空间形态会卷紧或打开.

DNA 和 RNA 都是由核苷酸组成的，而核苷酸一共有 5 种：A，T，C，G，U (U 只在 RNA 里出现，替代 DNA 里的 T)，它们的碱基不同 (图 1.3(A)，(B)). 在 DNA 双螺旋的两股核酸链中，对应的核苷酸是配对的，A 和 T，C 和 G 分别配对；它们由氢键相互连接 (图 1.3(C)). 在真核生物中，大部分时间 DNA 双螺旋又绕在组蛋白 (histone) 上，形

成核小体 (nucleosome). 碱基配对成为生命遗传的化学机理是科学最伟大的发现之一.

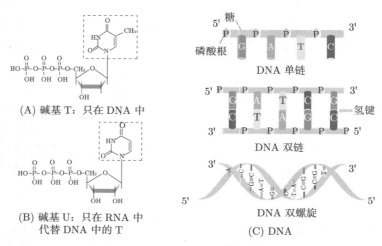

图 1.3 DNA, RNA 及其组件

1.3.3 分子生物学中心法则

20 世纪生物学领域最重要的成就之一, 是继 DNA 双螺旋结构的发现总结出的分子生物学的中心法则, 它揭示生命遗传信息传递的方向和途径. 近半个世纪以来, 因对阐明中心法则作出杰出贡献而获得诺贝尔奖的学者先后多达 34 位 (现在可能更多).

分子生物学的中心法则可简单表达如下: 一个基因产生它所编码蛋白质的过程称为这个基因的表达, 这一过程为 "DNA 制造 RNA, RNA 制造蛋白质, 蛋白质反过来协助前两项流程, 并协助 DNA 自我复制", 或者更简单的 "DNA→ RNA → 蛋白质". 所以整个过程可以分为三大步骤: 转录、翻译和 DNA 复制 (图 1.4).

DNA 转录生成的 RNA 又叫信使 RNA (即 mRNA). 成熟的 mRNA 的碱基序列编码着所对应蛋白质分子的氨基酸序列. 在其编码区, 每 3 个相邻碱基组成一个氨基酸的密码子, 称为 "coden". 例如, AUG 是甲硫氨酸的密码子, CUA, CUT, CUC, CUG 是亮氨酸的密码子. 接下来, mRNA 在核糖体的作用下, 被翻译成相应的氨基酸序列, 并折叠组装成蛋白质分子. 蛋白质生成后, 被输运到需要它们的位置 (细胞器中或细胞核内).

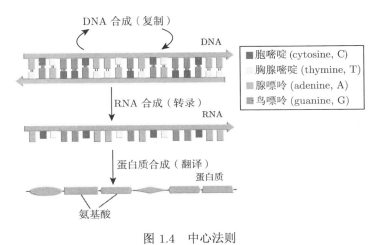

图 1.4   中心法则

1.3.4   细胞调控

基因序列中还包含了这些蛋白质表达的调控信息, 以调控基因表达的数量、时间等. 一个基因序列上不同的子段和不同的蛋白质或非编码 RNA 结合 (binding), 形成调控组合, 达到上述表达的调控效果. 蛋白质常常需经过各种修饰, 以赋予能量, 使其活化、抑制化等. 最常见的修饰是磷酸化及去磷酸化, 蛋白的甲基化 (methylation)、乙酰化 (acethylation)、泛素化等.

磷酸化过程是由蛋白激酶 (protein kinase) 作为催化物从 ATP, ADP, GTP 等取一个磷酸基团 (P) 给蛋白质的过程; 而蛋白质磷酸化酶 (protein phosphatases) 负责蛋白质的去磷酸化. 蛋白质的磷酸化状态决定蛋白质的构造和活性, 影响细胞内信息传递过程, 以及对外来刺激做出适当反应, 它是信号转导的主要手段.

单细胞生物通过细胞内的基因–蛋白网络的调控及反馈调节, 维持生命的运转并适应环境的变化. 多细胞生物在一个细胞内的活动也是类似的; 同时多细胞生物又是由各种细胞组成的"细胞社会", 更有赖于细胞之间的通信与信号传导, 以协调不同细胞的行为.

细胞内的调控活动主要有:

(1) 调节细胞周期, 使 DNA 复制相关的基因表达, 细胞进入分裂和增殖阶段;

(2) 控制细胞分化, 使基因有选择性地表达, 细胞不可逆地分化为有特定功能的成熟细胞;

(3) 由细胞状况调控细胞的存活 (启动凋亡);

(4) 调节代谢, 即通过对代谢相关酶活性的调节, 控制细胞的物质和能量代谢 (产生或消灭一些蛋白质、RNA 等细胞物质, 赋予蛋白质能量以活化蛋白质等);

(5) 实现细胞功能, 如肌肉的收缩和舒张、腺体分泌物的释放等.

第二部分

确定性动力学模型

第二章　质量作用定律和化学平衡态动力学简介

　　用数学来描述生物化学和分子生物学, 首先要求我们知道支配化学反应动力学的基本定律和方程. 这里有两个基本的领域: (1) 单个大分子 (比如 DNA, 蛋白质和它们的复合物等) 在纳米空间尺度和纳秒到毫秒时间尺度下的动力学性质, 主要是基于它们的原子结构和分子生物物理学定律; (2) 亚宏观空间和时间尺度下的生物化学反应系统动力学 (一般来说空间尺度是纳米量级, 而时间尺度是微秒到毫秒量级). 当然, 对后者的彻底认识需要首先对前者有一个彻底的认识, 但是如果从现象学规律出发, 我们依然能很好地认识后者, 从而并不需要前者的大量细节.

　　我们这里不准备考虑 (1), 因为这是分子生物物理学和计算化学的范畴, 而且已经有很多关于这方面的非常好的专著和教材. 对于 (2), 我们将首先考虑具有空间均匀性的生物化学系统. 例如, 在化学工程中, 反应容器一般都在快速搅动着, 在这种情况下, 基本的方程将源于这样两个定律: 原子守恒和质量作用定律.

§2.1　反应动力学方程: 原子守恒和质量作用定律

　　19 世纪中期, 古德贝格 (Gulberg) 和瓦格 (Waage) 提出: 化学反应速率与反应物的有效质量成正比. 此即质量作用定律, 其中的有效质量实际是指浓度. 近代实验证明, 质量作用定律只适用于基元反应. 因此, 该定律可以更严格、完整地表述为: 基元反应的反应速率与各反应物浓度的幂的乘积成正比, 其中各反应物浓度的幂指数即为基元反应方程式中该反应物的化学计量数. 正比的常数称为化学反应常数.

　　下面是一个简单的异构化 (分子内部结构变化) 反应和一个稍复杂一些的二阶双分子反应:

$$X \xrightarrow{k_1} Y, \tag{2.1}$$

$$A + B \xrightarrow{k_2} C. \tag{2.2}$$

质量作用定律告诉我们: 反应 (2.1) 的反应速率, 即单位时间内分子从 X 转化到 Y 的量, 是 $J_1 = k_1 c_X$, 而反应 (2.2) 的反应速率则是 $J_2 = k_2 c_A c_B$, 这里 c_A, c_B 和 c_X 表示化学物质 A, B 和 X 的浓度, k_1 的量纲是 $(时间)^{-1}$, k_2 的量纲是 $(时间)^{-1} \cdot (浓度)^{-1}$.

根据原子守恒, 对于单分子反应, 即异构化反应 (2.1), 我们有

$$\frac{dc_Y}{dt} = -\frac{dc_X}{dt} = J_1. \tag{2.3}$$

又根据质量作用定律, 有

$$J_1 = k_1 c_X.$$

这样就建立了一个常微分方程, 其解为 $c_X(t) = c_X(0)e^{-k_1 t}$.

而对于双分子反应 (2.2), 有原子守恒

$$\frac{dc_C}{dt} = -\frac{dc_A}{dt} = -\frac{dc_B}{dt} = J_2, \tag{2.4}$$

和质量作用定律

$$J_2 = k_2 c_A c_B.$$

对于该常微分方程的解就不太可能得到简单的表达式了.

J_1 和 J_2 也称为这些化学反应的流. 因此, 原子守恒是把浓度对于时间的导数和反应速率联系起来, 而质量作用定律是把反应速率又和浓度联系起来, 最终得到一个常微分方程 (组). 原子守恒和质量作用定律的关系就像牛顿定律和胡克定律的关系一样, 前者是普适的, 后者是具体的, 建立数学模型时缺一不可. 同时我们可以看到, 看起来在这些化学反应中有多于一个的变量 (比如 c_X 和 c_Y; c_A, c_B 和 c_C 等), 但是由于守恒量 (即不随时间变化的量) 的存在 (比如 $c_X + c_Y$, $c_A - c_B$ 等), 这些化学反应系统本质上都只是一维的.

§2.2 热力学与反应常数

没有任何一个化学反应是绝对不可逆的, 因此一般地, 我们有

$$X \underset{k_1^-}{\overset{k_1^+}{\rightleftharpoons}} Y \tag{2.5}$$

和

$$A + B \underset{k_2^-}{\overset{k_2^+}{\rightleftharpoons}} C. \tag{2.6}$$

对于单分子反应 (2.5) 来说, 其动力学方程为

$$\frac{\mathrm{d}c_Y}{\mathrm{d}t} = -\frac{\mathrm{d}c_X}{\mathrm{d}t} = J_1^+ - J_1^-, \tag{2.7}$$

其中 $J_1^+ = k_1^+ c_X$, $J_1^- = k_1^- c_Y$(质量作用定律). 其最终定态 (c_X^{ss}, c_Y^{ss}) 满足 $J_1^+ = J_1^-$, 所以这也是化学平衡态, 因为化学平衡的定义就是对于每个化学反应正向和逆向的反应速率 (流) 相等. 定态与化学平衡态的真正区别只可能在下一节介绍的环形反应结构中体现出来.

考虑化学物质 X 和 Y. 究竟是什么决定了 X 变成 Y, 还是 Y 变成 X 呢? 这就是 X 和 Y 平均到单个分子的**化学势** (可以对比力学中的能量), 定义为

$$\begin{aligned} \mu_X &= \mu_X^o + k_B T \ln c_X, \\ \mu_Y &= \mu_Y^o + k_B T \ln c_Y, \end{aligned} \tag{2.8}$$

其中 k_B 是 Boltzmann 常数, T 是绝对温标温度 (273.15 K = 0 ℃). 我们发现, 由两项决定一个物质的化学势 μ: 浓度 c 和一个与分子结构以及内能有关的常数 μ^o.

很多时候, 人们也可以用气体常数 $R = N_A k_B$ 代替 (2.8) 式中的 Boltzmann 常数 k_B, 其中 N_A 是 Avogadro 常数. 这样定义出的是 1 摩尔 X 或 Y 的化学势.

溶质 X 和溶质 Y 的**化学势差**为 $\Delta\mu_1 = \mu_X - \mu_Y = \Delta\mu_1^o + k_B T \ln \frac{c_X}{c_Y}$, 而单位时间内从 X 到 Y 的化学反应流量为 $J_1 = J_1^+ - J_1^-$. 对于温度

均匀的系统，可以从热力学和动力学的角度分别给出化学平衡态的判据，即 $\Delta\mu_1 = 0$ 和 $J_1 = 0$. 这两个判据应该是等价的. 这一点也和经典力学一致：物质总是由势能高的地方往能量低的地方运动.

因此，我们有

$$\mu_X^o + k_B T \ln c_X^{\text{eq}} = \mu_Y^o + k_B T \ln c_Y^{\text{eq}},$$

其中 c_X^{eq} 和 c_Y^{eq} 是这两种物质达到平衡态时的浓度，则

$$\frac{c_Y^{\text{eq}}}{c_X^{\text{eq}}} = e^{-(\mu_Y^o - \mu_X^o)/(k_B T)} = e^{\Delta\mu_1^o/(k_B T)} = \frac{k_1^+}{k_1^-}. \tag{2.9}$$

(2.9) 式中的第一个等式是 **Boltzmann 定律**：一个温度和体积固定的平衡态系统处于某个能量为 E 的状态的概率与 $e^{-E/(k_B T)}$ 成正比；最后一个等式借助平衡态时组分的浓度比，给出了反应动力学与热力学参数之间的关系，但是该关系本质上与浓度无关，称之为**热力学约束**. 于是

$$\Delta\mu_1 = k_B T \ln \frac{J_1^+}{J_1^-}.$$

对于双分子反应 (2.6) 来说，其动力学方程为

$$\frac{dc_C}{dt} = -\frac{dc_A}{dt} = -\frac{dc_B}{dt} = J_2^+ - J_2^-, \tag{2.10}$$

其中 $J_2^+ = k_2^+ c_A c_B$, $J_2^- = k_2^- c_C$ (质量作用定律).

同样，我们可以定义

$$\mu_A = \mu_A^o + k_B T \ln c_A,$$
$$\mu_B = \mu_B^o + k_B T \ln c_B,$$
$$\mu_C = \mu_C^o + k_B T \ln c_C.$$

于是 $\Delta\mu_2 = \mu_A + \mu_B - \mu_C = \Delta\mu_2^o + k_B T \ln \frac{c_A c_B}{c_C}$, $\Delta\mu_2^o = \mu_A^o + \mu_B^o - \mu_C^o$. 我们可以同样计算出

$$\frac{c_C^{\text{eq}}}{c_A^{\text{eq}} c_B^{\text{eq}}} = e^{\Delta\mu_2^o/(k_B T)} = \frac{k_2^+}{k_2^-} \tag{2.11}$$

以及

$$\Delta\mu_2 = k_\mathrm{B}T\ln\frac{J_2^+}{J_2^-}.$$

这里需要特别注意的是, 在双分子反应中, $\Delta\mu_2^o$, $k_\mathrm{B}T\ln\frac{c_A c_B}{c_C}$ 和 k_2^+ 都是依赖于浓度单位选取的, 而 $\Delta\mu_2$ 和 k_2^- 则不依赖. 真正决定化学反应方向的是 $\Delta\mu_2$, 而并非 $\Delta\mu_2^o$, 因此浓度单位的选取并不可能影响化学反应的方向. 这也和我们的直观一致.

对于双分子反应, 人们常常定义标准化学势差, 即在一系列标准条件 (温度: 298 K, 压强: 1 atm (即 101.325 kPa), 所有溶质的浓度都是 1 mol/L) 下的反应自由能 $\Delta\mu_2$ 的变化, 其实也就是在这些标准单位确定后的 $\Delta\mu_2^o$. 标准化学势差可以认为是反应本身的一种内在的性质, 其值与反应物的浓度无关, 只与单位选取有关. 通过标准化学势差的正负来推断化学反应的方向是不对的, 必须再加上具体浓度的影响.

对于著名的 ATP 水解反应 $\mathrm{ATP} + \mathrm{H_2O} \rightleftharpoons \mathrm{ADP} + \mathrm{Pi}$, 本不存在单位选取的问题, 因为正向和逆向反应都是双分子反应, 但是由于水是溶剂, 人们习惯于把它不显式地写在化学势的表达式里面, 因此也就必须要定义**标准化学势差** $\Delta\mu_\mathrm{ATP}^o = -\frac{31}{N_\mathrm{A}}\ \mathrm{kJ} = k_\mathrm{B}T\ln\frac{c_\mathrm{ATP}^\mathrm{eq}}{c_\mathrm{ADP}^\mathrm{eq}c_\mathrm{Pi}^\mathrm{eq}}\ \mathrm{kJ}$, 而真正的化学势差为 $\Delta\mu_\mathrm{ATP} = \Delta\mu_\mathrm{ATP}^o + k_\mathrm{B}T\frac{c_\mathrm{ATP}}{c_\mathrm{ADP}c_\mathrm{Pi}}$. 在实际细胞中, $\frac{c_\mathrm{ATP}}{c_\mathrm{ADP}c_\mathrm{Pi}}$ 比平衡态时要大很多 (非平衡态), 自然也就打破了化学势的平衡, 否则无论标准化学势差多大, 只要是在平衡态也是无法为生命体提供能量的.

综上, 一个化学反应正向、逆向流和化学势差之间的关系如下:

$$\Delta\mu = k_\mathrm{B}T\ln\frac{J^+}{J^-}. \tag{2.12}$$

该反应的净流为

$$J = J^+ - J^-. \tag{2.13}$$

因此, (2.12) 式和 (2.13) 式告诉我们

$$\Delta\mu \cdot J \geqslant 0, \tag{2.14}$$

且等号成立当且仅当 $\Delta\mu$ 和 J 都是零.

那么 (2.14) 式的物理意义是什么? 如果将化学反应系统和电流系统类比的话, 我们知道电流 × 电压就是电功率: 单位时间内耗散的能量. 这恰好和化学系统的 $\Delta\mu \cdot J$ 相一致. (2.14) 式的不等号表明, 一个化学反应只可能耗散热, 而不可能从一个单纯的热源吸热, 然后 100% 地转化成化学能. 这正是热力学第二定律的一种描述.

在 20 世纪上半叶, 布里奇曼、昂萨格、普利高津等人提出可以把克劳修斯不等式 $\mathrm{d}S \geqslant \dfrac{Q}{T}$ (系统熵的变化大于或等于系统从外界吸收的热量除以温度, 取等号时该过程可逆) 改写成

$$\mathrm{d}S = \mathrm{d_e}S + \mathrm{d_i}S,$$

其中 $\mathrm{d_e}S$ 是由于系统与外界交换物质和能量所引起的系统熵变, 可正可负; $\mathrm{d_i}S$ 是熵产生率, 表示的是系统内部发生的过程引起的熵产生, 必为非负, 其为零等价于热力学过程可逆. 这成为非平衡态热力学的一个基本方程, 以熵为核心热力学量. 这里要注意的是 $\mathrm{d_e}$ 和 $\mathrm{d_i}$ 都不是真正的微分, 只是个符号而已.

对于孤立系统, $\mathrm{d_e}S = 0$; 而对于闭系统, $\mathrm{d_e}S = \dfrac{Q}{T}$. 更重要的是, 他们对热传导方程、化学反应系统和反应扩散方程等分别给出了熵产生率 $\mathrm{d_i}S$ 的具体表达式, 并统一归纳为

$$\mathrm{d_i}S = \sum_k J_k \cdot X_k,$$

其中 X_k 是第 k 个热力学力的大小, 而 J_k 是所对应的热力学流. 当然, 在具体的模型里, 热力学力和热力学流的定义要具体问题具体分析. 而在单个化学反应的情形下, (2.14) 式中的 $\Delta\mu \cdot J$ 就是 $\mathrm{d_i}S$.

§2.3 化学平衡态动力学和细致平衡条件

热力学中的平衡态通常有三类: 热学平衡 (空间温度均匀)、力学平衡和化学平衡. 通常的化学系统都满足前两者, 而关键就在于化学平衡是否满足. 化学平衡, 是指在宏观条件一定的可逆反应中, 每个化学反应正向和逆向的反应速率 (流) 都相等的状态. 而定态是反应物

和生成物各组分浓度不再改变的状态. 显然平衡态是一种特殊的定态. 下面我们来看看如何刻画化学平衡态, 它的特征是什么.

对于上面讨论的单个可逆化学反应, 最终的定态必然是平衡态; 那么, 如果是具有多个化学反应的系统, 情况又会如何呢? 最终的定态还一定是平衡态吗? 我们又如何能仅仅从化学反应常数中判断该系统最后是否会达到化学平衡态呢?

上述问题必须在具有环形结构的反应系统中才能体现出来, 那就让我们来考虑下面这个由三个异构化反应组成的化学反应系统:

$$A \underset{k_{-1}}{\overset{k_1}{\rightleftharpoons}} B, \quad B \underset{k_{-2}}{\overset{k_2}{\rightleftharpoons}} C, \quad C \underset{k_{-3}}{\overset{k_3}{\rightleftharpoons}} A. \tag{2.15}$$

如果该系统最终的定态是平衡态的话, 那么根据每个反应在平衡态时的净流为零和化学势差也为零可知, (2.9) 式中化学反应常数和化学物质内在自由能的关系对于每个异构化反应都成立:

$$\frac{k_1}{k_{-1}} = e^{-(\mu_B^o - \mu_A^o)/(k_B T)}, \quad \frac{k_2}{k_{-2}} = e^{-(\mu_C^o - \mu_B^o)/(k_B T)},$$
$$\frac{k_3}{k_{-3}} = e^{-(\mu_A^o - \mu_C^o)/(k_B T)}. \tag{2.16}$$

所以

$$\frac{k_1 k_2 k_3}{k_{-1} k_{-2} k_{-3}} = 1. \tag{2.17}$$

这就是反应常数所满足的很有趣且很关键的热力学约束条件. 那么该条件是不是充分必要的呢? 也就是说, 这一条件能否保证该反应系统最终的定态就一定是平衡态呢? 这需要我们从定态流和化学势这两个角度来分别分析.

为了说明这一点, 我们需要解出动力学方程 $\left(\text{依据质量作用定律,}\right.$

并解方程 $\left. \dfrac{dc_A}{dt} = \dfrac{dc_B}{dt} = \dfrac{dc_C}{dt} = 0\right)$ 的如下定态解 (c_T 是总浓度):

$$c_A^{ss} = \frac{k_2 k_3 + k_3 k_{-1} + k_{-1} k_{-2}}{k_2 k_3 + k_3 k_{-1} + k_{-1} k_{-2} + k_3 k_1 + k_1 k_{-2} + k_{-2} k_{-3} + k_1 k_2 + k_2 k_{-3} + k_{-3} k_{-1}} c_T,$$

$$c_B^{ss} = \frac{k_3 k_1 + k_1 k_{-2} + k_{-2} k_{-3}}{k_2 k_3 + k_3 k_{-1} + k_{-1} k_{-2} + k_3 k_1 + k_1 k_{-2} + k_{-2} k_{-3} + k_1 k_2 + k_2 k_{-3} + k_{-3} k_{-1}} c_T,$$

$$c_{\mathrm{C}}^{\mathrm{ss}} = \frac{k_1 k_2 + k_2 k_{-3} + k_{-3} k_{-1}}{k_2 k_3 + k_3 k_{-1} + k_{-1} k_{-2} + k_3 k_1 + k_1 k_{-2} + k_{-2} k_{-3} + k_1 k_2 + k_2 k_{-3} + k_{-3} k_{-1}} c_{\mathrm{T}}.$$

然后, 我们得到该环形反应的定态流

$$J^{\mathrm{ss}} = c_{\mathrm{A}}^{\mathrm{ss}} k_1 - c_{\mathrm{B}}^{\mathrm{ss}} k_{-1} = c_{\mathrm{B}}^{\mathrm{ss}} k_2 - c_{\mathrm{C}}^{\mathrm{ss}} k_{-2} = c_{\mathrm{C}}^{\mathrm{ss}} k_3 - c_{\mathrm{A}}^{\mathrm{ss}} k_{-3}$$

$$= \frac{k_1 k_2 k_3 - k_{-1} k_{-2} k_{-3}}{k_2 k_3 + k_3 k_{-1} + k_{-1} k_{-2} + k_3 k_1 + k_1 k_{-2} + k_{-2} k_{-3} + k_1 k_2 + k_2 k_{-3} + k_{-3} k_{-1}} c_{\mathrm{T}}.$$

$$\tag{2.18}$$

所以, 从流的角度来说, (2.17) 式等价于最终每一个化学反应的正向反应速率和逆向反应速率都相等, 即没有净流 ($J^{\mathrm{ss}} = 0$).

从能量角度来说, 即使 (2.17) 式不成立, 每个反应中的关系式 $\Delta \mu_i = k_{\mathrm{B}} T \ln \dfrac{J_i^+}{J_i^-}$ 在这样的非平衡环形反应结构中也是成立的, 所以定态净流 $J^{\mathrm{ss}} = 0$ 等价于定态化学势差 $\Delta \mu_i \equiv 0$ ($i = 1, 2, 3$).

(2.17) 式不成立时, 总的自由能差 $\Delta \mu = \Delta \mu_1 + \Delta \mu_2 + \Delta \mu_3 = k_{\mathrm{B}} T \ln \dfrac{k_1 k_2 k_3}{k_{-1} k_{-2} k_{-3}} \neq 0$, 这意味着除了 A, B 和 C 外, 该环形反应系统里必定还有别的物质参与反应, 来作为能量输入或输出的渠道 (比如 $A + D \rightleftharpoons B + E$, 且 D 与 E 的浓度比 [D]/[E] 被保持在偏离平衡态的比例上), 否则就会与热力学第二定律相悖.

在这种非平衡定态下, 对于每个反应都有 $\Delta \mu_i \neq 0$ 及 $J^{\mathrm{ss}} \neq 0$, 且所有的 $\Delta \mu_i$ 都与 J^{ss} 同号. 因此 $\Delta \mu_i \cdot J^{\mathrm{ss}} \geqslant 0$. 这就是热耗散. 其实, 总的 $\Delta \mu$ 也可以表达成类似 (2.12) 式的关系, 但是这只有在所对应的随机模型中才能说清楚, 详细的内容我们会在第十一章讲解.

于是, (2.17) 式的含义就是在一个闭化学反应系统, 即没有化学能以物质的形式输入的系统中, 任何反应最终都不会有定态净流, 因为如果不是这样, 那么就会有热耗散出现, 违背热力学第二定律. (2.17) 式其实也是能量守恒的一种表现形式.

总结一下, 在热力学平衡的化学反应系统中, 无论其多么复杂, 反应物和生成物都必须满足细致平衡条件, 即每一个化学反应的正向反应速率和逆向反应速率相等, 因此没有净流和化学势差. 这称为细致平衡原理.

§2.4　闭化学反应系统的平衡态是全局渐近稳定的

平衡态热力学告诉我们，一个闭化学反应系统最终只能到达平衡态. 平衡态的唯一性证明并不平凡[①]. 而我们现在要应用细致平衡原理来进一步证明该平衡态是全局渐近稳定的，且平衡态附近线性展开的所有特征值都是 (负) 实数. 我们用李雅普诺夫 (Lyapunov) 函数来证明前者，而用线性分析来证明后者.

这里我们考虑非线性 Schnakenberg 模型，它由四种物质和三个反应组成：

$$A \underset{k_{-1}}{\overset{k_{+1}}{\rightleftharpoons}} C, \quad B \underset{k_{-2}}{\overset{k_{+2}}{\rightleftharpoons}} D, \quad 2C + D \underset{k_{-3}}{\overset{k_{+3}}{\rightleftharpoons}} 3C. \tag{2.19}$$

该系统基于质量作用定律的微分方程模型是

$$\frac{dc_A}{dt} = -J_1, \quad \frac{dc_B}{dt} = -J_2, \quad \frac{dc_C}{dt} = J_3 + J_1, \quad \frac{dc_D}{dt} = J_2 - J_3,$$

$$J_1^+ = k_{+1}c_A, \quad J_1^- = k_{-1}c_C, \quad J_2^+ = k_{+2}c_B, \quad J_2^- = k_{-2}c_D, \tag{2.20}$$

$$J_3^+ = k_{+3}c_C^2 c_D, \quad J_3^- = k_{-3}c_C^3,$$

$$J_1 = J_1^+ - J_1^-, \quad J_2 = J_2^+ - J_2^-, \quad J_3 = J_3^+ - J_3^-.$$

在这里，细致平衡条件为 $J_1^+ = J_1^-$, $J_2^+ = J_2^-$ 和 $J_3^+ = J_3^-$. 易见，该闭系统的最终定态必为平衡态. 下面证明其全局渐近稳定性.

设该系统存在一个平衡态解，而且肯定是正的. 用 c_X^* 表示平衡态解，其中 X=A, B, C, D. 考虑变量 (浓度) 的一个函数：

$$L(c_A, c_B, c_C, c_D) = L(c_X) = \sum_X c_X \ln \frac{c_X}{c_X^*}. \tag{2.21}$$

我们只需要证明以下三点：

(1) $L(c_X) \geqslant 0$ 及 $L(c_X) = 0$ 当且仅当 $c_X = c_X^*$;

(2) $L(c_X)$ 是凸的；

(3) $\dfrac{d}{dt} L(c_X(t)) \leqslant 0$，等号成立时系统达到平衡态.

[①] 有可能会出现非常特殊的情形，可参见 http://arxiv.org/pdf/0810.1108.pdf

于是 c_X^* 是全局渐近稳定的. 我们称 L 为**李雅普诺夫函数**.

证明   (1) 我们有 $\ln \dfrac{c_X}{c_X^*} \geqslant 1 - \dfrac{c_X^*}{c_X}$, $\forall \dfrac{c_X^*}{c_X} > 0$, 从而

$$\sum_X c_X \ln \frac{c_X}{c_X^*} \geqslant \sum_X c_X \left(1 - \frac{c_X^*}{c_X}\right) = \sum_X c_X - c_X^* = 0,$$

等式成立当且仅当 $\dfrac{c_X^*}{c_X} = 1$.

(2) 由于

$$\frac{\partial^2 L}{\partial c_Y^2} = \frac{1}{c_Y} > 0, \quad Y = A, B, C, D,$$

而所有的交叉项 $\dfrac{\partial^2 L}{\partial c_Y \partial c_Z}$(Y, Z=A, B, C, D; Y≠Z) 都是零, 因此函数 L 是凸的.

(3) $\dfrac{\mathrm{d}}{\mathrm{d}t} L(c_X(t)) = \sum_X \dfrac{\partial L}{\partial c_X} \dfrac{\mathrm{d}c_X}{\mathrm{d}t}$

$$= -J_1 \ln \frac{c_A}{c_A^*} - J_2 \ln \frac{c_B}{c_B^*} + (J_3 + J_1) \ln \frac{c_C}{c_C^*}$$

$$+ (J_2 - J_3) \ln \frac{c_D}{c_D^*}$$

$$= J_1 \ln \frac{c_A^* c_C}{c_A c_C^*} + J_2 \ln \frac{c_B^* c_D}{c_B c_D^*} + J_3 \ln \frac{c_C c_D^*}{c_C^* c_D}$$

$$= J_1 \ln \frac{J_1^-}{J_1^+} + J_2 \ln \frac{J_2^-}{J_2^+} + J_3 \ln \frac{J_3^-}{J_3^+} \leqslant 0,$$

其中最后一个等式用到了细致平衡条件 $k_{+1} c_A^* = k_{-1} c_C^*$ 等.   ■

我们这里其实不仅仅证明了该唯一的平衡态是全局渐近稳定的, 也证明了不存在不是平衡态的定态, 当然是在已经存在一个平衡态的前提之下.

线性分析就是计算在定态附近展开的雅可比矩阵 (见习题):

$$A = \begin{pmatrix} -k_{+1} & 0 & k_{-1} & 0 \\ 0 & -k_{+2} & 0 & k_{-2} \\ k_{+1} & 0 & -k_{-1} + 2k_{+3}c_C^* c_D^* - 3k_{-3}c_C^{*2} & k_{+3}c_C^{*2} \\ 0 & k_{+2} & -2k_{+3}c_C^* c_D^* + 3k_{-3}c_C^{*2} & k_{-2} - k_{+3}c_C^{*2} \end{pmatrix}.$$

设

$$Q = \begin{pmatrix} \sqrt{c_A^*} & 0 & 0 & 0 \\ 0 & \sqrt{c_B^*} & 0 & 0 \\ 0 & 0 & \sqrt{c_C^*} & 0 \\ 0 & 0 & 0 & \sqrt{c_D^*} \end{pmatrix},$$

则

$$Q^{-1}AQ = \begin{pmatrix} -k_{+1} & 0 & k_{-1}\sqrt{\frac{c_C^*}{c_A^*}} & 0 \\ 0 & -k_{+2} & 0 & k_{-2}\sqrt{\frac{c_D^*}{c_B^*}} \\ k_{+1}\sqrt{\frac{c_A^*}{c_C^*}} & 0 & -k_{-1} + 2k_{+3}c_C^* c_D^* - 3k_{-3}c_C^{*2} & k_{+3}c_C^{*\frac{3}{2}}\sqrt{c_D^*} \\ 0 & k_{+2}\sqrt{\frac{c_B^*}{c_D^*}} & -2k_{+3}c_C^{*\frac{3}{2}}\sqrt{c_D^*} + 3k_{-3}c_C^{*\frac{5}{2}}c_D^{*-\frac{1}{2}} & k_{-2} - k_{+3}c_C^{*2} \end{pmatrix}.$$

根据细致平衡条件, 该矩阵是对称的. 因此, A 所有的特征值都是实的 (请自行思考如何证明是负的).

$L(c_X)$ 的含义是什么? 它正是系统的全部化学能 (在热力学中称为吉布斯自由能). 实际上, $k_B TL$ 与

$$G = \sum_X c_X \mu_X = \sum_X c_X (\mu_X^o + k_B T \ln c_X) \tag{2.22}$$

仅仅差一个常数. 这是因为在平衡态有 $\mu_A = \mu_B = \mu_C = \mu_D = \mu_{eq}$, 于是

$$G - k_B TL = \sum_X c_X (\mu_X^o + k_B T \ln c_X^*) = \mu_{eq} \sum_X c_X = \mu_{eq} c_{tot}, \tag{2.23}$$

这里 $c_{tot} = \sum_X c_X$ 为守恒量. 思考: (1) 如果总浓度不守恒, 情况又会是如何? (2) 如何证明闭系统中的 Schnakenberg 模型必不可能出现化学振荡 (即周期解).

阅 读 材 料

[1] Zhang X J, Qian M, Qian H. Stochastic theory of nonequilibrium steady states and its applications (Part I) (Chapter 1 and 2). Physics Reports, 2012, 510: 1–86.

[2] Maria Velasco Rosa, Scherer Garcia-Colin Leopoldo, Javier Uribe Francisco. Entropy production: its role in non-equilibrium thermodynamics. Entropy, 2011, 13: 82–116.

习 题

1. 考虑一个简单的化学反应. 两个分子 A 可以聚合成分子 B:

$$A + A \underset{k_-}{\overset{k_+}{\rightleftharpoons}} B.$$

(1) 利用质量作用定律，写出 A 和 B 的浓度随时间变化的微分方程；

(2) 写出守恒量，并利用守恒方程说明 A 的浓度随时间的变化率只和 A 的浓度有关.

2. 自然界中的三分子反应是很少的，但是三聚反应却很多. 考虑下列三聚反应：

$$A + A \underset{k_{-1}}{\overset{k_1}{\rightleftharpoons}} B, \qquad A + B \underset{k_{-2}}{\overset{k_2}{\rightleftharpoons}} C.$$

请利用质量作用定律写出 C 的浓度随时间的变化率 (用 [A] 和 [C] 表示).

*3. 微管可以通过一个叫 treadmilling 的过程改变自身长度：一个单分子被聚合到微管上的一端，而从另一端解聚. 对这个过程建模，假设 A_1 可以通过下列方式自组装为 A_2:

$$A_1 + A_1 \overset{k_+}{\longrightarrow} A_2.$$

进一步，假设 A_1 可以和 A_n 聚合为 $n+1$ 长度的多聚物 A_{n+1}:

$$A_1 + A_n \overset{k_+}{\longrightarrow} A_{n+1}.$$

而每降解一个单体的速率常数为 k_-，假设初始的时候试管里只有浓度为 a_0 的单体 A_1，请求出最终聚合物长度的分布 (即 $[A_n]$ 最终的浓度).

4. 推导 Schnakenberg 模型在平衡态附近展开的雅可比矩阵为

$$
\boldsymbol{A} = \begin{pmatrix}
-k_{+1} & 0 & k_{-1} & 0 \\
0 & -k_{+2} & 0 & k_{-2} \\
k_{+1} & 0 & -k_{-1} + 2k_{+3}c_C^* c_D^* - 3k_{-3}c_C^{*2} & k_{+3}c_C^{*2} \\
0 & k_{+2} & -2k_{+3}c_C^* c_D^* + 3k_{-3}c_C^{*2} & k_{-2} - k_{+3}c_C^{*2}
\end{pmatrix}.
$$

$$(2.24)$$

5. 考虑最简单的两状态化学动力学机制

$$
A \underset{k_{-1}}{\overset{k_1}{\rightleftharpoons}} B.
$$

(1) 写出化学物质 A 和 B 的浓度的微分方程. 这两个方程独立吗?

(2) 在初值 $c_A(0) = 1$ 和 $c_B(0) = 0$ 下解该微分方程.

(3) 解 $c_A(t)$ 在 $t = 0$ 处的导数是多少? 为什么? $c_A(\infty)$ 的值是多少? 其意义是什么?

(4) 如果初值是 $c_A(0) = a$ 和 $c_B(0) = b$, 说明比例 $\dfrac{c_B(\infty)}{c_A(\infty)}$ 与微分方程的初值无关.

6. 考虑简单的化学动力学机制

$$
A \underset{k_{-1}}{\overset{k_1}{\rightleftharpoons}} B \xrightarrow{k_2} C.
$$

(1) 写出化学物质 A，B 和 C 的浓度的微分方程. 这些方程独立吗? 其中独立的有几个?

(2) 用特征值和特征向量表示微分方程的解 (回忆第二章简介过的线性常微分方程求解). 设初值是 $c_A(0) = 1, c_B(0) = c_C(0) = 0$.

(3) 如果 $k_{-1} \gg k_2$, 说明两个特征值近似为 $-(k_1 + k_{-1})$ 和 $-\dfrac{k_1 k_2}{k_1 + k_{-1}}$. 你能对此给出一些解释吗?

7. 考虑最简单的两状态化学动力学机制

$$A \underset{k_{-1}}{\overset{k_1}{\rightleftharpoons}} B.$$

c_A 和 c_B 表示化学物质 A 和 B 的浓度, 因此在 (2.22) 式中给出的

$$G(c_A, c_B) = c_A(\mu_A^o + \ln c_A) + c_B(\mu_B^o + \ln c_B)$$

是该反应系统的自由能, 量纲是 $k_B T$.

(1) $c_A(t)$ 和 $c_B(t)$ 是反应动力学方程的解, 说明

$$\frac{dG(t)}{dt} \leqslant 0.$$

(2) 如果 $\mu_A^o = 1$ 和 $\mu_B^o = 2$, 那么比例 $\dfrac{k_1}{k_{-1}}$ 是多少? 应用这些值, 在 (c_A, c_B) 平面中, 画出函数 $G(c_A, c_B)$ 的梯度场, 然后画出该微分方程解的一些轨道. 这些轨道是沿着 G 的梯度递降的吗?

第三章　经典米氏酶动力学理论

§3.1　酶：作为催化剂的蛋白质

对于生物体内的很多化学反应，如果只是简单地把反应物放在实验器皿内，那么其反应速率是非常非常慢的. 但是，在 19 世纪后半叶，人们发现如果把磨碎的酵母也放到实验器皿内，那么其反应速率将突然加快：加速将达到 10^{10} 倍，甚至更多!

早先，生物化学家称之为 "生物化学活性"，指的是加速某反应或者改变某溶液颜色的能力. 生物化学家们尽其所能地从酵母中分离出不同的物质，并研究其生物化学活性. 最终，他们终于可以提纯并结晶出一种具有生物化学活性的物质. 这种神奇的物质称为酶 (希腊词 $\epsilon\nu\zeta\nu\mu\text{o}\nu$，意为 "在酵母中"). 这也是生物化学研究的起源.

酶的催化原理基本上可以由著名的过渡态稳定化理论 (Transition-State Stabilization) 来解释，即酶可以大大降低原反应需要跨越的能量势垒，见图 3.1(A),(B). 那么酶是如何降低该反应势垒的呢？与此相关的化学理论有锁钥假说 (Lock and Key)、诱导契合假说 (Induced Fit) 等.

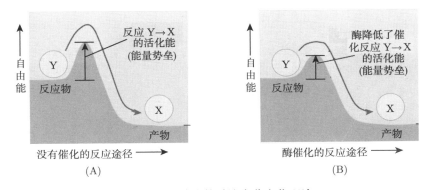

图 3.1　酶催化的过渡态稳定化理论

除此之外，人们还关心酶催化反应的动力学，这正是本章的重点.

§3.2　产物生成率和倒易关系

当把给定数量的酶 E 和一定浓度的底物 S (底物是生物化学的专有名词) 混合在一起时，人们发现产物生成率 v 是底物 S 的浓度 [S] (方括号是化学中表示浓度的标准符号) 的非线性函数；而实际上，$1/v$ 和 $1/[S]$ 却具有线性关系 (因此属非 S $\xrightarrow{k[E]}$ P 型反应)，称之为酶动力学的**倒易关系** (图 3.2)[①]. 那么，这种倒易关系背后的反应机制是什么呢？

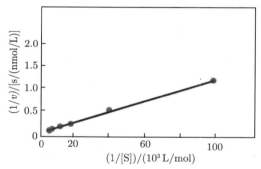

图 3.2　酶动力学的倒易关系. 这是 1934 年由 Lineweaver 和 Burk 提出的，主要是在确定米氏方程中的参数时十分有用

§3.3　Michaelis-Menten 理论

在 1913 年，Michaelis 和 Menten 提出了一种酶反应可能的化学机制 (示意图见图 3.3):

$$\text{E} + \text{S} \underset{k_{-1}}{\overset{k_1}{\rightleftharpoons}} \text{ES} \overset{k_2}{\longrightarrow} \text{E} + \text{P}, \tag{3.1}$$

其中 E 是酶，S 是底物. 这里我们假设反应 ES → EP 非常快，以至于中间状态 EP 可忽略，所以直接考虑 P 的释放. 该模型的关键在于假

[①] 这里还需要特别注意的是，最早实验上所测的反应速率其实就是在实验刚开始的一小段时间内的平均速率.

设有一个酶和底物结合形成的复合物 (中间状态) 存在, 即当 S 处于酶中一个具有非常低的介电常数的 "口袋" 中时 (一般情况下, 酶是大分子, 比底物大得多, 但是也有相反的情况), 其转化成产物 P 的速率将显著地快于它被水包围的情况, 因为此时介电常数很大.

我们考虑这样的情形: 给定 E 的总浓度 E_{tot}, 包括游离的 E 与跟 S 结合后的 ES 中的酶分子, 那么当 S 的浓度 [S] 远大于 E 的浓度时, 由于复合物 ES 的浓度被 E 的总浓度 E_{tot} 所限制, 反应式 (3.1) 的第二个反应的速率最终将达到其最大值 $k_2 E_{tot}$. 这就是非线性关系的来源, 与我们此前讨论的一阶反应 (线性) 截然不同.

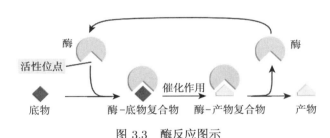

图 3.3 酶反应图示

3.3.1 米氏酶动力学方程

引入符号:

$$[S] = s, \quad [E] = e, \quad [ES] = c, \quad [P] = p, \quad e + c = e_0, \quad s + p + c = s_0. \quad (3.2)$$

然后根据第二章的化学动力学理论 (质量作用定律), 我们得到微分方程

$$\frac{\mathrm{d}s}{\mathrm{d}t} = -k_1 es + k_{-1}c,$$
$$\frac{\mathrm{d}c}{\mathrm{d}t} = k_1 es - k_{-1}c - k_2 c, \quad (3.3)$$

其初始状态为

$$s(0) = s_0, \quad p(0) = c(0) = 0, \quad e(0) = e_0. \quad (3.4)$$

著名的拟稳态 (quasi-steady-state) 假设[①]，就是令 $\dfrac{\mathrm{d}c}{\mathrm{d}t}$ 的右边等于 0，然后计算出 $S \to P$ 的近似反应速率. 那么为什么可以这么做呢? 拟稳态假设是建立在某些变量 (快变量) 的变化远远快于其他变量 (慢变量) 的基础之上的，这也称为**时间尺度分离**.

为了严格解释这件事情，我们引入无量纲的变量和参数:

$$\tau = k_1 e_0 t, \quad u(\tau) = s\left(\frac{\tau}{k_1 e_0}\right)\Big/ s_0, \quad v(\tau) = c\left(\frac{\tau}{k_1 e_0}\right)\Big/ e_0. \quad (3.5)$$

于是方程变为

$$\frac{\mathrm{d}u}{\mathrm{d}\tau} = -u + (u + K - \lambda)v, \quad (3.6\mathrm{a})$$

$$\varepsilon \frac{\mathrm{d}v}{\mathrm{d}\tau} = u - (u + K)v, \quad (3.6\mathrm{b})$$

$$u(0) = 1, \quad (3.6\mathrm{c})$$

$$v(0) = 0, \quad (3.6\mathrm{d})$$

其中

$$\lambda = k_2/(k_1 s_0), \quad K = (k_{-1} + k_2)/(k_1 s_0), \quad \varepsilon = e_0/s_0.$$

我们注意到在 $\dfrac{\mathrm{d}v}{\mathrm{d}\tau}$ 前面有一个参数 ε. 通常在细胞内，总的底物浓度远远大于酶的总浓度: $s_0 \gg e_0$，因此 $\varepsilon \ll 1$.

因为 (3.6b) 式中 $\varepsilon \ll 1$，所以 $\varepsilon \dfrac{\mathrm{d}v}{\mathrm{d}\tau}$ 是 $O(\varepsilon)$ 阶的. 于是，我们可以简单地令 (3.6b) 式中的 $\varepsilon \dfrac{\mathrm{d}v}{\mathrm{d}\tau}$ 为 0，即 $u - (u + K)v = 0$ $\Big($即在原方程组中设 $\dfrac{\mathrm{d}c}{\mathrm{d}t} = 0$，对应于 Briggs-Haldane 的拟稳态理论$\Big)$. 请注意 $\dfrac{\mathrm{d}v}{\mathrm{d}\tau}$ 并不见得很小，因为它是 $O(1)$ 阶的. v 会一直随着 u 的变化而变化. 于是得到

$$v = \frac{u}{u + K}. \quad (3.7)$$

[①] 当年 Michaelis 和 Menten 假设反应 $E + S \underset{k_{-1}}{\overset{k_1}{\rightleftharpoons}} ES$ 处于快速平衡，这就要求 $k_{-1} \gg k_2$，但是在很多时候这一条件并不满足.

然后代入 (3.6a) 式, 得到

$$\frac{\mathrm{d}u}{\mathrm{d}\tau} = -u + \frac{u+K-\lambda}{u+K}u = -\frac{\lambda u}{u+K}. \tag{3.8}$$

我们可以解出 $u(\tau)$, 再代入 (3.7) 式即得到 $v(\tau)$. 于是我们可以利用这样的一组 $(u(\tau), v(\tau))$ 来近似原来方程 (3.6) 的解了. 如果回到方程 (3.3), 则该近似意味着

$$\frac{\mathrm{d}[\mathrm{S}]}{\mathrm{d}t} = -\frac{v_{\max}[\mathrm{S}]}{K_{\mathrm{M}}+[\mathrm{S}]}. \tag{3.9}$$

这就是著名的**米氏酶动力学方程** (简称**米氏方程**), 其中参数 $K_{\mathrm{M}} = \dfrac{k_{-1}+k_2}{k_1}$ 称为该酶对应于此底物的**米氏常数**, $v_{\max} = k_2 e_0$ 是最大速率.

那么这样做正确吗? 这种直接把 ε 设为零的做法是不是会有什么隐患?

3.3.2 奇异摄动的例子

为了解决上面这个问题, 我们首先考虑一个简单的例子: 求代数方程 $x^2 - bx + \varepsilon = 0$ 的近似解. 如果令 $\varepsilon = 0$, 我们就有 $x_{1,2} \approx b, 0$. 实际上, 我们可以利用摄动方法 (把 x 作为 ε 的函数作泰勒展开, 类似微分方程的幂级数解法) 来得到更好的结果: 设

$$x = \sum_{k=0}^{\infty} q_k \varepsilon^k, \tag{3.10}$$

然后代入此二次方程得到

$$[q_0^2 + \varepsilon 2q_0 q_1 + \varepsilon^2(q_1^2 + 2q_0 q_2) + O(\varepsilon^3)] - b(q_0 + \varepsilon q_1 + \varepsilon^2 q_2 + O(\varepsilon^3)) + \varepsilon = 0.$$

整理上式的左边, 我们有

$$(q_0^2 - bq_0) + \varepsilon(2q_0 q_1 - bq_1 + 1) + \varepsilon^2(q_1^2 + 2q_0 q_2 - bq_2) + O(\varepsilon^3) = 0. \tag{3.11}$$

(3.11) 式给出了一个由无穷多个线性代数方程组成的系统，系数 q 满足

$$q_0^2 - bq_0 = 0, \quad 2q_0q_1 - bq_1 + 1 = 0, \quad q_1^2 + 2q_0q_2 - bq_2 = 0, \quad \cdots. \quad (3.12)$$

因此两组解分别对应的 $\{q_k\}$ 为

$$\begin{aligned}
q_0^{(1)} &= b, & q_0^{(2)} &= 0; \\
q_1^{(1)} &= -\frac{1}{b}, & q_1^{(2)} &= \frac{1}{b}; \\
q_2^{(2)} &= -\frac{1}{b^3}, & q_2^{(2)} &= \frac{1}{b^3}; \\
& \cdots\cdots
\end{aligned}$$

比较可得

$$\begin{aligned}
x_{1,2} &= \frac{b \pm \sqrt{b^2 - 4\varepsilon}}{2} \approx \frac{b \pm b(1 - 2\varepsilon/b^2 - 2\varepsilon^2/b^4)}{2} \\
&= \left(b - \frac{\varepsilon}{b} - \frac{\varepsilon^2}{b^3}\right), \left(\frac{\varepsilon}{b} + \frac{\varepsilon^2}{b^3}\right).
\end{aligned} \quad (3.13)$$

摄动方法是工业计算在使用计算机之前应用的主要方法.

对于上面这个例子，令 $\varepsilon = 0$ 与应用摄动方法得到的第一阶的结果是一样的. 但是，如果我们考虑另一个代数方程 $\varepsilon x^2 + bx + c = 0$ 的近似解呢? 若令 $\varepsilon = 0$，则有 $x = -c/b$. 因此我们将丢失该方程的一个解. 其实，我们有[①]

$$x_{1,2} = \frac{-b \pm \sqrt{b^2 - 4\varepsilon c}}{2\varepsilon} \approx -\left(\frac{c}{b} + \varepsilon\frac{c^2}{b^3}\right), -\left(\frac{b}{\varepsilon} - \frac{c}{b} - \varepsilon\frac{c^2}{b^3}\right). \quad (3.14)$$

丢失的解关于 ε 奇异，并趋于 ∞. 方程解的这样一个突然变化，即丢失一个解，称为奇异摄动问题.

3.3.3 奇异摄动理论：外部解和内部解以及它们的匹配

上面的例子提示我们可以令 $\varepsilon = 0$，但是要小心是不是丢失了什么信息. 在上面拟稳态的近似下，我们将看到近似解 $v(\tau)$ 的初值将不再是 0.

---

① 这里用到了 $\sqrt{1-x} \approx 1 - \frac{1}{2}x - \frac{1}{8}x^2$ (泰勒展开前三项)，当 x 很小的时候.

首先，我们来解常微分方程 (3.8). 方程 (3.8) 可以改写成

$$\left(1 + \frac{K}{u}\right)\mathrm{d}u = \lambda\mathrm{d}t,$$

因此在初值 $u(0) = 1$ 下可解得

$$u + K\ln u = 1 - \lambda\tau. \tag{3.15}$$

所以，当 $\tau \to \infty$ 时，u 递降到 0. 当 $\tau = 0$ 时，$u(0) = 1$，$u'(0) = -\dfrac{\lambda}{1+K} < 0$，$u''(0) = -\dfrac{\lambda K}{(1+K)^2} < 0$. 对于较大的 τ，有 $u''(\tau) > 0$.

现在让我们再来看看 $v(\tau)$. 根据 (3.7) 式，即

$$v(\tau) = \frac{u(\tau)}{u(\tau) + K}, \tag{3.16}$$

以及 $u(\tau)$ 的初值条件 $u(0) = 1$，可以得到 $v(0) = \dfrac{1}{1+K}$. 它不会从 0 出发，也即由代数关系 (3.7) 简化得到的一维常微分方程与原先的二维常微分方程 (3.6) 的初值条件并不吻合. 从实际的反应角度理解，即反应一开始 v 就达到了使 (3.7) 式成立的值，此后一旦偏离平衡，则迅速调整使平衡再次建立.

更仔细地观察 (3.6) 式会知道，在 $\tau = 0$ 时，$\dfrac{\mathrm{d}v}{\mathrm{d}\tau} = \dfrac{1}{\varepsilon}$ 非常大. 对于常微分方程 (3.6) 给出的动力系统，我们采取拟稳态近似只得到了慢尺度下的近似，而丢失了反应最初期 (快尺度) 的信息. 那么有没有一个好办法来研究在这样一种快速变化的快尺度下的动力学呢？

我们可以用更短的时间尺度. 用时间 $\sigma = \dfrac{\tau}{\varepsilon}$ 代替 τ (为什么是更短的时间尺度？请思考):

$$\sigma = \frac{\tau}{\varepsilon}, \quad U(\sigma) = u(\varepsilon\sigma), \quad V(\sigma) = v(\varepsilon\sigma). \tag{3.17}$$

我们可以重新把常微分方程 (3.6) 写成 (见习题)

$$\frac{\mathrm{d}U}{\mathrm{d}\sigma} = \varepsilon\left(-U + (U + K - \lambda)V\right), \tag{3.18a}$$

$$\frac{\mathrm{d}V}{\mathrm{d}\sigma} = U - (U + K)V, \tag{3.18b}$$

$$U(0) = 1, \tag{3.18c}$$

$$V(0) = 0. \tag{3.18d}$$

这里仍然有一个 ε, 但是问题在于已经没有奇异性了. 这已经可以用规则的摄动方法解决了, 其低阶近似可以通过令 $\varepsilon = 0$ 来得到.

因此

$$U(\sigma) = U(0) = 1, \quad V(\sigma) = \frac{1 - \mathrm{e}^{-(1+K)\sigma}}{1 + K}, \tag{3.19}$$

后者是从 $\dfrac{\mathrm{d}V}{\mathrm{d}\sigma} = 1 - (1+K)V$ 解得的. 故快变量 $v(\tau)$ 的弛豫尺度是 $\dfrac{\varepsilon}{1+K}$. 当 $\sigma \to \infty$ 时, $V(\sigma) \to \dfrac{1}{1+K} = v(\tau = 0)$, $U(\sigma) \to 1 = u(\tau = 0)$, 这就把快、慢两个尺度上的解匹配起来了.

在时间尺度 τ 下的解称为该奇异摄动问题的**外部解**；而在时间尺度 σ 下的解称为**内部解**. 它们在 $\sigma = \infty$ 和 $\tau = 0$ 的匹配为米氏方程给出了一个完整的定量结果.

然而, 这个结果并不是很完美的. 我们注意到 $V(\sigma)$ 的导数 $V'(\sigma)$ 当 $\sigma \to \infty$ 时等于 0, 但是 $v'(0)$ 不是 0, 所以这个完整结果不是光滑的. 这个可以由引入 ε 的高阶项来改善. 这正是应用数学中奇异摄动和匹配非对称性研究的内容.

这样的快、慢变量 (尺度) 分离是在生物化学建模中非常重要和常见的方法. 当我们关心慢变量 (尺度) 的动力学时, 可以认为快变量的动力学都达到了拟稳态, 即设其微分方程右端为零 (其实只是约等于零, 此时快变量真正的时间导数是 $O(1)$ 阶的)；而当我们转而关心快变量 (尺度) 动力学时, 可以认为慢变量的取值几乎不变, 作为参数进入快变量满足的方程中. 这样的方法可以使得我们只考虑快变量或慢变量, 从而降低了模型的维数而并没有大大降低模型的准确度. 在很多时候, 做这样的假设需要比较多的生物化学知识和经验.

当然, 当酶的总浓度和底物总浓度差不多时, ε 不再是很小的量,此时这种米氏动力学就会有问题. 在这种情况下, $\dfrac{\mathrm{d}[P]}{\mathrm{d}t} \neq -\dfrac{\mathrm{d}[S]}{\mathrm{d}t}$.

3.3.4 米氏酶动力学, 饱和度和双分子反应

以上的讨论说明, 在相对较慢的时间尺度上, 米氏方程的外部解是一个精确度很高的近似. 这正是确认了经典的米氏方程 (3.9) 的合理性 (图 3.4).

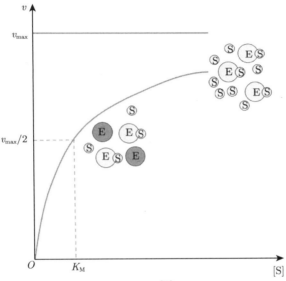

图 3.4 米氏函数 $v = \dfrac{v_{\max}[S]}{K_M + [S]}$. 来自阅读材料 [2]

(3.9) 式右边的双曲型函数 $v = \dfrac{v_{\max}[S]}{K_M + [S]}$ (称为**米氏函数**) 给出了两个明显截然不同的区域: 一个是当 $[S] \ll K_M$ 时, 该函数随着 $[S]$ 线性增长; 另一个是当 $[S] \gg K_M$ 时, 该函数是常数, 与底物的浓度无关. 在前一区域, 我们可以看到双分子反应机制

$$\frac{\mathrm{d}[P]}{\mathrm{d}t} = -\frac{\mathrm{d}[S]}{\mathrm{d}t} \approx \frac{k_2}{K_M} e_0 [S], \quad [S] \ll K_M, \tag{3.20}$$

其反应常数是 k_2/K_M; 在后一区域, 该反应对于酶 E 的浓度还是一

阶的：

$$\frac{\mathrm{d}[P]}{\mathrm{d}t} = -\frac{\mathrm{d}[S]}{\mathrm{d}t} \approx k_2 e_0, \quad [S] \gg K_M, \tag{3.21}$$

但对于给定的酶浓度，这是关于底物 S 的零阶反应.

§3.4 别构合作效应

3.4.1 同一种配体之间的别构合作效应与希尔函数

还有其他的化学机制也能得到类似米氏酶动力学的曲线形式. 我们来考虑最简单的蛋白质–配体结合反应：

$$P + S \underset{k_{-1}}{\overset{k_1}{\rightleftharpoons}} PS. \tag{3.22}$$

那么平衡态时复合物 PS 占蛋白质的百分比是多少？答案很简单：根据平衡条件 $k_1[S]^{\mathrm{eq}}[P]^{\mathrm{eq}} = k_{-1}[PS]^{\mathrm{eq}}$ 和 $[P]^{\mathrm{eq}} + [PS]^{\mathrm{eq}} = P_{\mathrm{tot}}$，我们有

$$\frac{[PS]^{\mathrm{eq}}}{P_{\mathrm{tot}}} = \frac{K_{\mathrm{eq}}[S]^{\mathrm{eq}}}{1 + K_{\mathrm{eq}}[S]^{\mathrm{eq}}}, \quad K_{\mathrm{eq}} = \frac{k_1}{k_{-1}}, \tag{3.23}$$

其中 K_{eq} 称为**结合常数**. 用 $[PS]^{\mathrm{eq}}/P_{\mathrm{tot}} \triangleq f$ 来定义**部分饱和度** (fractional saturation).

令 $x = [S]^{\mathrm{eq}}/[S]_{\frac{1}{2}}$，其中 $[S]_{\frac{1}{2}}$ 是 $f = \frac{1}{2}$ 时 $[S]^{\mathrm{eq}}$ 的值，则我们得到 $[S]_{\frac{1}{2}} = K_{\mathrm{eq}}^{-1}$ 及

$$f = \frac{x}{1+x}. \tag{3.24}$$

但是，在 20 世纪初，对氧气和血红蛋白结合反应的实验测量却告诉我们

$$f = \frac{x^\nu}{1+x^\nu}, \tag{3.25}$$

其中 $\nu \approx 2.6 > 1$. 类似于这样的曲线称为 S 形曲线，该形式的函数称为**希尔 (Hill) 函数**，其指数 ν 常常称为**希尔系数**. 实验中经常用 ln-ln 尺度下部分饱和度曲线 $f(x)$ 中点的导数来得到希尔系数 n_h：

$$n_h = 2\left(\frac{\mathrm{d}\ln f}{\mathrm{d}\ln x}\right)_{f=\frac{1}{2}} = 2\left(\frac{\mathrm{d}\ln f}{\mathrm{d}\ln[S]^{\mathrm{eq}}}\right)_{f=\frac{1}{2}}. \tag{3.26}$$

$n_h > 1$ 称为**正合作效应**，而 $n_h < 1$ 称为**负合作效应** (图 3.5).

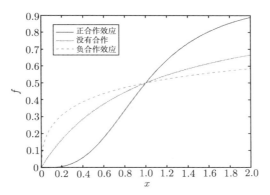

图 3.5 合作现象的种类: 分别对应于希尔函数中的 $\nu = 0.5, 1, 3$

那么可能产生这样 S 形曲线的生物化学机制是什么呢? 一般来说, 这来自于蛋白质和配体的多位点结合, 即一个蛋白质分子可以同时结合上多个配体, 比如一个血红蛋白分子上就有四个氧分子的结合位点. 蛋白质分子与多个配体的结合模型主要有构象选择模型和诱导契合模型两种.

1. 构象选择模型

构象选择模型认为酶的任何一个亚基都是以两种不同的构象形式存在 (一种松弛的, R 形; 一种拉紧的, T 形) 的, 它们处于相互平衡之中, 特别是在任何时间并无两个亚基处于不同的构象状态. 这种模型中位点之间的相互作用是隐含的, 意味着一个位点的构象变化会迅速引起其他位点的相同构象变化. 我们这里只考虑最简单的两个位点的情况 (图 3.6).

两个位点的构象选择模型如图 3.6 所示, 其中 K_R 是构象 R 的解离常数, 而 K_T 是构象 T 的解离常数, 即 $[R_2A] = 2[A][R_2]/K_R$, $[R_2A_2] = [A][R_2A]/(2K_R)$, $[T_2A] = 2[A][T_2]/K_T$, $[T_2A_2] = [A][T_2A]/(2K_T)$, L 是 R_2 与 T_2 的平衡常数, 即 $[T_2] = [R_2]L$. 于是位点的部分饱和度为

$$f = \frac{[R_2A] + 2[R_2A_2] + [T_2A] + 2[T_2A_2]}{2([R_2] + [R_2A] + [R_2A_2] + [T_2] + [T_2A] + [T_2A_2])}.$$

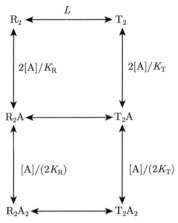

图 3.6　两个位点的构象选择模型

可以计算得

$$f = \frac{[A]/K_R + [A]^2/K_R^2 + L[A]/K_T + L[A]^2/K_T^2}{(1+[A]/K_R)^2 + L(1+[A]/K_T)^2}.$$

上式可以改写成

$$f = \frac{\dfrac{[A]}{K_1} + \dfrac{[A]^2}{K_1 K_2}}{1 + 2\dfrac{[A]}{K_1} + \dfrac{[A]^2}{K_1 K_2}},$$

其中

$$K_1 = \frac{1+L}{1/K_R + L/K_T}, \quad K_2 = \frac{1/K_R + L/K_T}{1/K_R^2 + L/K_T^2}.$$

可计算出希尔系数为 $n_h = \dfrac{2}{1 + \sqrt{\dfrac{K_2}{K_1}}}$. 因为 $K_1 \geqslant K_2$ (由柯西不

等式), 且不等号成立只需要 $0 < L < \infty$ 且 $K_R \neq K_T$, 所以本模型只
能呈现正合作效应.

2. 诱导契合模型

诱导契合学说是底物与酶相结合的锁钥假说的改良. 它认为活性
部位的结构不是事先形成的, 而是底物和酶相互作用后形成的: 底物

先引起酶构象改变, 使得酶的催化和结合部位的结构到达活性部位所需的方位, 从而才能与底物分子结合.

在诱导契合模型中, 当底物与酶结合时, 酶发生一系列构象改变. 酶分子并不永远对称, 底物与酶分子的亚基结合即会改变该亚基的构象, 酶与底物、正效应物以及负效应物相结合的能力也随着亚基构象变化而发生变化.

与构象选择模型不同, 诱导契合模型假设底物 (也称为配体) 只能和蛋白质 (或酶) 某一构象结合, 而在没有配体结合的情况下只存在另一构象.

我们这里也只考虑最简单的两位点模型, 即一个蛋白质分子 P 上有两个配体 S 的结合位点:

$$P + S \underset{k_{-1}}{\overset{k_1}{\rightleftharpoons}} PS, \qquad PS + S \underset{k_{-2}}{\overset{k_2}{\rightleftharpoons}} PS_2. \tag{3.27}$$

平衡时 (每个反应的正向和逆向流相等) 可以得到

$$\begin{aligned} [PS]^{eq} &= \frac{k_1}{k_{-1}}[P]^{eq}[S]^{eq}, \\ [PS_2]^{eq} &= \frac{k_2}{k_{-2}}[PS]^{eq}[S]^{eq} = \frac{k_1 k_2}{k_{-1}k_{-2}}[P]^{eq}([S]^{eq})^2, \end{aligned} \tag{3.28}$$

所以位点的部分饱和度 (所有可结合位点的占据率) 为

$$f = \frac{[PS]^{eq} + 2[PS_2]^{eq}}{2([P]^{eq} + [PS]^{eq} + [PS_2]^{eq})} = \frac{K_1[S]^{eq} + 2K_1K_2([S]^{eq})^2}{2 + 2K_1[S]^{eq} + 2K_1K_2([S]^{eq})^2}, \tag{3.29}$$

其中 $K_1 = \frac{k_1}{k_{-1}}$, $K_2 = \frac{k_2}{k_{-2}}$.

计算得希尔系数为 $n_h = \dfrac{2}{1 + \sqrt{\dfrac{K_1}{4K_2}}}$, 因此 $K_2 > \dfrac{K_1}{4}$ 时是正合作

效应, $K_2 < \dfrac{K_1}{4}$ 时是负合作效应.

我们还可以从另一个角度来看待该合作效应, 见图 3.7, 此时我们区分开了这两个不同的结合位点, 即认为 PS 和 SP 是不同的. 这一点

和 (3.27) 式是不一样的. 这里我们有 $K_1 = 2K$，$K_2 = yK/2$ (请读者自行思考为什么)，其中 y 可以看作两个结合位点之间的相互作用.

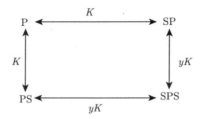

图 3.7　两位点间有相互作用的诱导契合模型

我们仍然可以得到平衡时各浓度之间的关系

$$[\text{SP}]^{\text{eq}} = [\text{PS}]^{\text{eq}} = K[\text{S}]^{\text{eq}}[\text{P}]^{\text{eq}}, \quad [\text{SPS}]^{\text{eq}} = yK^2([\text{S}]^{\text{eq}})^2[\text{P}]^{\text{eq}}$$

和部分饱和度

$$f = \frac{K[\text{S}]^{\text{eq}} + yK^2([\text{S}]^{\text{eq}})^2}{1 + 2K[\text{S}]^{\text{eq}} + yK^2([\text{S}]^{\text{eq}})^2}.$$

因此希尔系数为 $n_h = \dfrac{2}{1 + \sqrt{\dfrac{1}{y}}}$. 所以，当 $y > 1$，即 $K_2 > \dfrac{K_1}{4}$ 时，是正合作效应；当 $y < 1$，即 $K_2 < \dfrac{K_1}{4}$ 时，是负合作效应. 合作效应其实就是意味着第二个配体的结合会被第一个配体的结合所导致的蛋白质结构变化所影响. 如果这样的影响是正面的，即促进了第二个配体和蛋白质的结合，就称为正合作；如果是负面的，即抑制了第二个配体和蛋白质的结合，就称为负合作. 实际上，当 $y = 1$，即 $K_2 = \dfrac{K_1}{4}$ 时，(3.29) 式将退化成 (3.23) 式，其中 $K_{\text{eq}} = K = \dfrac{K_1}{2}$.

该模型中的 y 一开始被认为是两个位点之间的直接相互作用，但是后来的蛋白质晶体结构告诉人们，这两个位点相距太远，以至于不可能有直接的相互作用. 这就导致了别构合作概念的诞生，即这两个位点之间的相互作用是间接的，是由于前一个配体和蛋白质的结合导致的蛋白质构象变化而引起的长程作用.

3.4.2　不同配体之间的别构合作效应

两种不同的配体 A 和 B, 分别结合在某蛋白质分子或 DNA 的两个不同位点的情况如图 3.8 所示. 对于整个闭反应系统 (包括 A, B 和 D), 到达平衡态时, 细致平衡条件告诉我们:

$$[DB]^{eq} = K_1[B]^{eq}[D]^{eq}, \quad [DA]^{eq} = K_4[A]^{eq}[D]^{eq},$$

$$[DAB]^{eq} = K_2[DB]^{eq}[A]^{eq} = K_3[DA]^{eq}[B]^{eq},$$

其中 $K_i = \dfrac{k_i}{k_{-i}}$ $(i = 1, 2, 3, 4)$. 因此 $K_1K_2 = K_3K_4$. 于是, 如果配体 A 与 D 的结合会使得配体 B 与 D 的结合增强, 那么就有 $K_3 > K_1$, 从而 $K_2 > K_4$, 即配体 B 与 D 的结合也会使得配体 A 与 D 的结合增强; 减弱亦然. 这就解释了在最新的 DNA 别构合作效应实验中所观测到的同时增强或同时减弱的现象 (参见阅读材料 [3]).

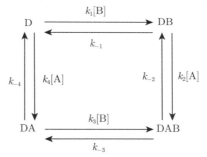

图 3.8　两种不同配体与某蛋白质或 DNA 的结合

阅　读　材　料

[1]　William W Chen, Mario Niepel, Peter K. Sorger: Classic and contemporary approaches to modeling biochemical reactions. Genes Dev, 2010, 24: 1861–1875.

[2]　Xie X Sunney. Enzyme kinetics, past and present. Science, 2013, 342: 1457–1459.

[3]　Kim S, Broströmer E, Xing D, et al. Probing allostery through DNA. Science, 2013, 339: 816.

习 题

1. 推导 (3.18) 式:

$$\frac{dU}{d\sigma} = \varepsilon(-U + (U + K - \lambda)V),$$

$$\frac{dV}{d\sigma} = U - (U + K)V,$$

$$U(0) = 1,$$

$$V(0) = 0.$$

2. 酶 E 和底物 S 反应, 生成 P:

$$S + E \underset{k_{-1}}{\overset{k_1}{\rightleftharpoons}} C_1 \xrightarrow{k_2} E + P, \tag{3.30}$$

$$S + C_1 \underset{k_{-3}}{\overset{k_3}{\rightleftharpoons}} C_2 \xrightarrow{k_4} C_1 + P, \tag{3.31}$$

其中 k 是反应常数, C_1 和 C_2 是酶–底物复合物. 用相应的小写字母表示浓度, 初值条件为 $s(0) = s_0, e(0) = e_0, c_1(0) = c_2(0) = p(0) = 0$, 试根据质量作用定律写出微分方程. 如果

$$\varepsilon = \frac{e_0}{s_0} \ll 1, \quad \tau = k_1 e_0 t, \quad u = \frac{s}{s_0}, \quad v_i = \frac{c_i}{e_0} \ (i = 1, 2),$$

说明无量纲化的反应方程可简化为

$$\frac{du}{d\tau} = f(u, v_1, v_2), \quad \varepsilon \frac{dv_i}{d\tau} = g_i(u, v_1, v_2) \ (i = 1, 2).$$

确定 f, g_1 和 g_2, 并说明对 $\tau \gg \varepsilon, u$ 的变化 (uptake) 被

$$\frac{du}{d\tau} = -r(u) = -u\frac{A + Bu}{C + u + Du^2},$$

所描述, 其中 A, B, C, D 是正的参数.

对 $k_2 = 0$, 画出 $r(u)$ 的粗略图像, 并和 Michaelis-Menten 机制比较.

3. 考虑一个简单的化学反应: 两个单分子 A 聚合成 B. 根据反应式

$$A + A \underset{k_-}{\overset{k_+}{\rightleftharpoons}} B,$$

对该化学反应的质量作用定律模型进行无量纲化,并说明这个动力学过程只依赖于一个无量纲变量.

4. 自然界中的三分子反应是很少的,但是三聚反应却很多. 考虑下列三聚反应:

$$A + A \underset{k_{-1}}{\overset{k_1}{\rightleftharpoons}} B, \tag{3.32}$$

$$A + B \underset{k_{-2}}{\overset{k_2}{\rightleftharpoons}} C. \tag{3.33}$$

假设 $k_{-1} \gg k_{-2}, k_2[A]$. 用合适的拟稳态或快速平衡假设分别求出 A 和 C 的反应速率,说明 C 的单向生成速率会正比于 $[A]^3$,并简要解释原因.

5. 利用快速平衡近似推导

$$S + E \underset{k_{-1}}{\overset{k_1}{\rightleftharpoons}} C_1 \overset{k_2}{\longrightarrow} E + P, \tag{3.34}$$

$$S + C_1 \underset{k_{-3}}{\overset{k_3}{\rightleftharpoons}} C_2 \overset{k_4}{\longrightarrow} C_1 + P \tag{3.35}$$

的反应速率表达式,即 $\dfrac{d[P]}{dt}$.

*6. (1) 求解三个位点的酶的反应速率.

　(2) 什么情况下速率退化为指数为 3 的希尔函数?

　(3) 当三个位点相互独立时,速率常数之间有什么关系?求出此时的速率表达式.

*7. 如果反应动力学方程写成向量形式,则是

$$\frac{d\boldsymbol{u}}{dt} = \boldsymbol{f}(\boldsymbol{u}),$$

其中 $\boldsymbol{f}(\boldsymbol{u})$ 是一个梯度向量场:

$$\boldsymbol{f}(\boldsymbol{u}) = \nabla_{\boldsymbol{u}} F(\boldsymbol{u}).$$

证明: 该微分方程的解 $\boldsymbol{u}(t)$ 不会产生周期行为. $\Big($提示:利用李雅普诺夫方法的思想,首先在方程两边都乘以 $\dfrac{d\boldsymbol{u}}{dt}.\Big)$

第四章　常微分方程定性理论简介

微分方程是重要的数学工具之一，例如基于万有引力定律建立的运动方程，可以推出开普勒三大定律. 但是，如果无法求出该微分方程的全部解析解又该怎么办呢? 这就促使人们直接从微分方程本身来研究解的几何性状. 自 19 世纪 80 年代以来，以法国伟大的数学家庞加莱 (Poincaré) 为代表的数学家们，尤其是俄国数学家们，研究了相空间 (相平面)、奇点和极限环等一系列问题，创立了常微分方程的定性理论. 此理论在 20 世纪 40 到 70 年代被成功运用于神经元细胞的 Hodgkin-Huxley 模型分析 (见第六章)，并极大地促进了生物数学作为一门独立学科的发展.

我们可以类比经典力学的哈密尔顿系统来理解常微分方程. 比如

$$\frac{\mathrm{d}\boldsymbol{X}}{\mathrm{d}t} = \boldsymbol{f}(\boldsymbol{X}),$$

我们可以把随时间变化的变量 $\boldsymbol{X}(t)$ 想象成粒子的位置，而 $\boldsymbol{f}(\boldsymbol{X})$ 则是对应的速度，因此在给定初始位置的情况下，粒子将遵循该常微分方程给出的规则运动. 在此观点下，我们常常称常微分方程为动力系统，当然后者的范围更为宽泛.

§4.1　相图、不动点及其稳定性

相图就是把常微分方程 $\frac{\mathrm{d}\boldsymbol{X}}{\mathrm{d}t} = \boldsymbol{f}(\boldsymbol{X})$ 的解 $\boldsymbol{X}(t)$(也称为积分曲线) 只画在 $\boldsymbol{X}$ 空间中 (也称为相轨线). 在每个坐标 $\boldsymbol{X}$ 处，向量场 $\boldsymbol{f}(\boldsymbol{X})$ 与相图中轨线的切线方向相一致. 这种右端只和 $\boldsymbol{X}$ 的瞬时值有关而不是显含时间 t 的常微分方程 (组) 称为**自治动力系统**.

自治动力系统的积分曲线是不相交的，那么其所对应的相轨线是否会相交呢? (答案是：要么重合，要么不相交. 请读者自行思考).

4.1.1 一维动力系统

一维动力系统为 $\dfrac{\mathrm{d}x}{\mathrm{d}t} = f(x)$，其中 x 是一维的，$f(x)$ 可以为任何函数，比如 $\sin x, -x^3, x^2-1, r-x^3$ 等．从粒子运动的角度来看，$f(x)$ 表示的是该粒子在 x 处的速度．当 $f(x) > 0$ 时，该粒子向右运动；当 $f(x) < 0$ 时，该粒子向左运动．因此，当 $f(x) = 0$ 时，粒子不动，这样的点称为**不动点**．但是，不动点分稳定不动点和不稳定不动点：前者左侧 $f(x) > 0$，右侧 $f(x) < 0$；后者反之．图 4.1 给出了函数 $f(x) = \sin x$ 的图像，该图像和 x 轴的交点就是不动点，实心点表示稳定不动点，空心点表示不稳定不动点．

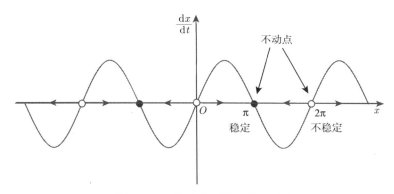

图 4.1　一维动力系统及其不动点

图 4.2 表示，当 $f(x) = \sin x$ 时，从任何非不动点的初始值出发，最终积分曲线会越来越接近某个稳定不动点．

对于可微函数，不动点 x^* 满足 $f(x^*) = 0$. 在不动点 x^* 附近作泰勒展开：

$$\begin{aligned}
f(x) &= f(x - x^* + x^*) \\
&\approx f(x^*) + f'(x^*)(x - x^*) \\
&= f'(x^*)(x - x^*).
\end{aligned}$$

可见，如果 $f'(x^*) < 0$，则 x^* 为稳定不动点；如果 $f'(x^*) > 0$，则 x^* 为不稳定不动点．

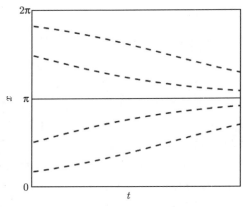

图 4.2 一维动力系统积分曲线举例

4.1.2 二维动力系统

对于二维动力系统 $\dfrac{\mathrm{d}\boldsymbol{X}}{\mathrm{d}t} = \boldsymbol{f}(\boldsymbol{X})$，其中 $\boldsymbol{X} = (x_1, x_2)^{\mathrm{T}}$，$\boldsymbol{f}(\boldsymbol{X}) = (f_1(x_1, x_2), f_2(x_1, x_2))^{\mathrm{T}}$，其不动点 (也称为奇点) 的类型主要有结点和鞍点，而结点又分稳定结点和不稳定结点，再细分有星形结点和螺旋形结点 (图 4.3).

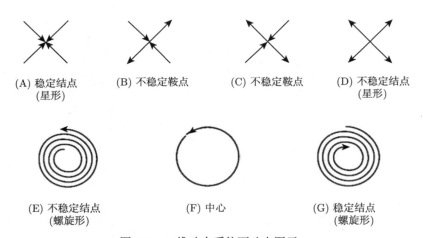

图 4.3 二维动力系统不动点图示

在每个不动点附近可以进行线性展开，得到线性矩阵. 可以证明，在非常弱的条件下，该不动点附近的轨线和其线性矩阵对应的线性方程组在此附近的轨线是拓扑等价的. 事实上，微分方程

$$\frac{\mathrm{d}\boldsymbol{X}}{\mathrm{d}t} = \boldsymbol{f}(\boldsymbol{X})$$

的不动点 $\boldsymbol{X}^* = (x_1^*, x_2^*)^{\mathrm{T}}$ 满足 $f_1(x_1^*, x_2^*) = f_2(x_1^*, x_2^*) = 0$，并且当 $|\boldsymbol{X} - \boldsymbol{X}^*|$ 很小时，该微分方程可以近似为

$$\frac{\mathrm{d}(x_1 - x_1^*)}{\mathrm{d}t} = f_1(x_1, x_2) \approx f_1(x_1^*, x_2^*) + \frac{\partial f_1(x_1^*, x_2^*)}{\partial x_1}(x_1 - x_1^*)$$
$$+ \frac{\partial f_1(x_1^*, x_2^*)}{\partial x_2}(x_2 - x_2^*),$$
$$\frac{\mathrm{d}(x_2 - x_2^*)}{\mathrm{d}t} = f_2(x_1, x_2) \approx f_2(x_1^*, x_2^*) + \frac{\partial f_2(x_1^*, x_2^*)}{\partial x_1}(x_1 - x_1^*)$$
$$+ \frac{\partial f_2(x_1^*, x_2^*)}{\partial x_2}(x_2 - x_2^*),$$

从而线性矩阵为

$$\boldsymbol{A} = \begin{pmatrix} \dfrac{\partial f_1(x_1^*, x_2^*)}{\partial x_1} & \dfrac{\partial f_1(x_1^*, x_2^*)}{\partial x_2} \\ \dfrac{\partial f_2(x_1^*, x_2^*)}{\partial x_1} & \dfrac{\partial f_2(x_1^*, x_2^*)}{\partial x_2} \end{pmatrix}.$$

所以 $\dfrac{\mathrm{d}\boldsymbol{X}}{\mathrm{d}t} = \boldsymbol{f}(\boldsymbol{X})$ 在 $\boldsymbol{X}^*$ 附近可近似为

$$\frac{\mathrm{d}(\boldsymbol{X} - \boldsymbol{X}^*)}{\mathrm{d}t} = \boldsymbol{A}(\boldsymbol{X} - \boldsymbol{X}^*),$$

其解为 $\boldsymbol{X}(t) - \boldsymbol{X}^* = \mathrm{e}^{\boldsymbol{A}t}(\boldsymbol{X}(0) - \boldsymbol{X}^*)$，其中 $\mathrm{e}^{\boldsymbol{A}t} = \sum_{n=0}^{\infty} \dfrac{(\boldsymbol{A}t)^n}{n!}$.

于是，我们可以先求解特征方程 $\det(\lambda \boldsymbol{I} - \boldsymbol{A}) = 0$ 得到特征值 λ_1 和 λ_2. 而 $\lambda_1 + \lambda_2 = \mathrm{tr}(\boldsymbol{A})$（矩阵的迹），$\lambda_1\lambda_2 = \det(\boldsymbol{A})$（矩阵的行列式）. 这里我们暂时不考虑重根的情况，那么方程的一般解的形式为

$$x_1 = a_1\mathrm{e}^{\lambda_1 t} + a_2\mathrm{e}^{\lambda_2 t} \quad \text{和} \quad x_2 = b_1\mathrm{e}^{\lambda_1 t} + b_2\mathrm{e}^{\lambda_2 t},$$

系数由初值决定 (初值包括初始值和初始导数值).

　　这里, 两个特征值要么都为实数, 要么为共轭复根. 对于前者, 两个特征值都大于零时不动点为不稳定星形结点, 都小于零时不动点为稳定星形结点, 一正一负时则不动点为鞍点; 对于后者, 特征值实部大于零时为不稳定螺旋形结点, 小于零时为稳定螺旋形结点. 如果是一对虚根的情况, 则根据方程画出的相图可能是同心圆, 这时不动点称为中心.

　　其实只要我们知道了矩阵 $\boldsymbol{A}$ 的行列式 $\det(\boldsymbol{A}) = \lambda_1\lambda_2$ 和迹 $\mathrm{tr}(\boldsymbol{A}) = \lambda_1 + \lambda_2$, 就可以判断出特征值为实数还是复数以及实部的正和负 (图 4.4).

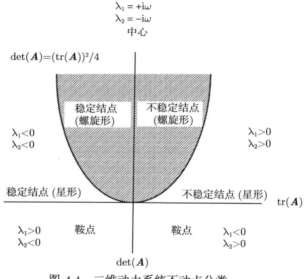

图 4.4　二维动力系统不动点分类

§4.2　分　岔　理　论

　　随着参数的改变, 动力系统会定性地改变其不动点附近轨线的拓扑结构, 这就称作**分岔**.

　　例如, $\dfrac{\mathrm{d}x}{\mathrm{d}t} = r + x^2$ 的鞍结点 (saddle-node) 分岔, 即随着参数的

单调变化, 一个鞍点和一个结点会逐渐往一起靠拢, 在到达临界参数
值时合并成一个不动点, 并最后一起消失, 或者反过来, 在参数到达
某个临界值时突然出现一个不动点, 并随着参数的继续变化分化出一
个鞍点和一个结点 (图 4.5 (A)).

我们可以把对应于每个参数的不动点位置记录下来, 并用实线
表示稳定不动点, 虚线表示不稳定不动点. 这样的图称为**分岔图** (图
4.5(B), (C)).

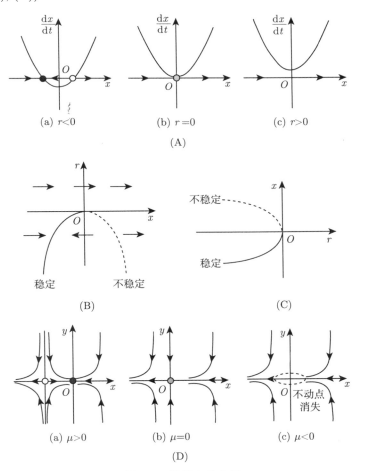

图 4.5 鞍结点分岔图

图 4.5(D) 是个最简单的二维例子：$\dfrac{\mathrm{d}x}{\mathrm{d}t} = \mu - x^2$，$\dfrac{\mathrm{d}y}{\mathrm{d}t} = -y$. 此时的鞍结点分岔就是随着参数变化，某处突然出现一个不动点，而且其所对应的线性矩阵有零特征值；随着参数的继续变化，该不动点同时分化出一个稳定结点和一个鞍点，它们所对应线性矩阵的特征值实部分别是两负和一正一负的.

零特征值分岔除了鞍结点分岔，还有跨临界分岔 (transcritical) 和叉 (pitchfork) 分岔等. 比如，$\dfrac{\mathrm{d}x}{\mathrm{d}t} = rx - x^2$ 具有零特征值的跨临界分岔，系统一直都有两个不动点，其中一个稳定而另一个不稳定，只是在参数临界值 $(r = 0)$ 处两个不动点合并成一个并交换其稳定性 (图 4.6(B))；$\dfrac{\mathrm{d}x}{\mathrm{d}t} = rx \pm x^3$ 具有零特征值的叉分岔，即一个不动点可以分化出三个不动点 (图 4.6(C), (D)).

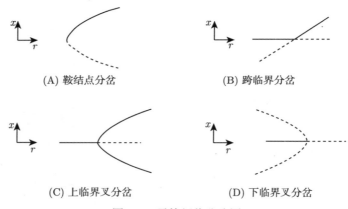

(A) 鞍结点分岔

(B) 跨临界分岔

(C) 上临界叉分岔

(D) 下临界叉分岔

图 4.6　零特征值分岔图

除了零特征值分岔 (图 4.6)，还有一对虚根分岔 (图 4.7). 这种分岔称为 Hopf 分岔，即极限环 (周期解) 的出现或消失 (图 4.7(A), (B)).

Hopf 分岔定理　设 $\dfrac{\mathrm{d}\boldsymbol{X}}{\mathrm{d}t} = F(\boldsymbol{X}, \lambda)$ 有一个孤立的不动点 $\boldsymbol{X}_0(\lambda)$，$\boldsymbol{A}(\lambda)$ 是其线性矩阵，并且有一对复特征值 $\alpha(\lambda) \pm \mathrm{i}\omega(\lambda)$. 如果对于某个 λ_0，下述条件满足：

(1) $\alpha(\lambda_0) = 0$ (一对虚根)；

(2) $\omega(\lambda_0) = \omega_0 > 0$;

(3) $v \equiv \dfrac{\mathrm{d}\alpha(\lambda)}{\mathrm{d}\lambda}|_{\lambda=\lambda_0} \neq 0$;

(4) $\boldsymbol{A}(\lambda_0)$ 没有其他的零实部特征值,

则存在 λ_0 的一个小邻域, 要么在 $\lambda > \lambda_0$ 时, 要么在 $\lambda < \lambda_0$ 时, 该系统有一个孤立的极限环. 极限环的幅度与 $\sqrt{|\lambda - \lambda_0|}$ 成正比, 且频率接近 ω_0. 只有当 $v > 0$ 且极限环出现在 $\lambda > \lambda_0$ 时, 或者当 $v < 0$ 且极限环出现在 $\lambda < \lambda_0$ 时, 该极限环是稳定的.

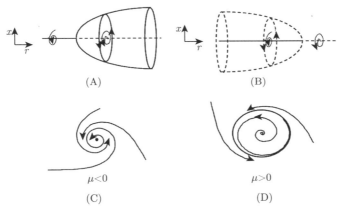

图 4.7 一对虚根分岔图

举例: 设二维系统为

$$\frac{\mathrm{d}r}{\mathrm{d}t} = \mu r - r^3, \qquad \frac{\mathrm{d}\theta}{\mathrm{d}t} = \omega + br^2,$$

其一对虚根分岔如图 4.7(C), (D) 所示.

第五章 信号传导系统的确定性动力学: 超灵敏度、反馈和分岔

细胞信号传导是指细胞通过胞膜或胞内受体感受细胞外部信号分子的刺激,启动细胞内信号传导的级联反应,将细胞外的信号跨膜传导至胞内,从而影响细胞生物学功能的过程 (图 5.1).

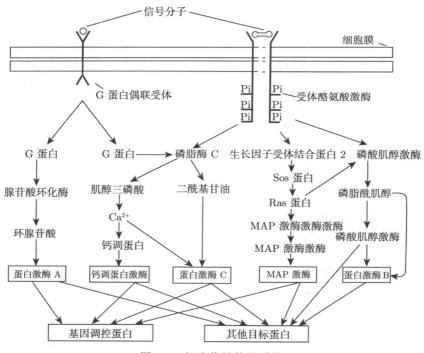

图 5.1 细胞信号传导系统

在细胞信号传导系统中,酶的主要功能并不是提高"下一步"反应的速率,而是使得下游反应可以产生和传输生化信号. 作为信号分子的酶蛋白一般会有活性和非活性两种状态,只有当它们处于活性状

态时才能催化"下一步"的反应. 因此, 信号分子的活性就是指该酶分子处于活性状态的比例或浓度, 而且每个信号分子都可以通过接受另一个信号提高或者降低其活性 (调控).

§5.1 信号开关的典型动力学

磷酸化–去磷酸化环 (PdPC)(图 5.2(A)) 是调控细胞生化信号最重要的开关机制之一. 一个蛋白质, 它自身也可以是酶, 要么是处于非磷酸化的状态 E, 要么是磷酸化后的状态 E^*. 在理想状态下, 全部的生化活性都在状态 E^* 上, 而不是 E. 反应 $E \to E^*$ 被一个称为蛋白激酶的酶 K 所催化, 而 E^* 也能被另一个称为磷酸酯酶的酶 P 催化生成 E (请注意, 这里的两个反应并不是同一个可逆反应的两个方向, 否则是可以用同一个酶催化的).

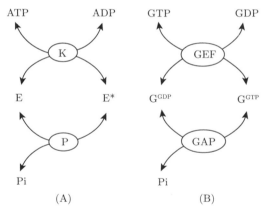

图 5.2 (A) 磷酸化–去磷酸化环; (B) G 蛋白偶联信号系统

完整的反应机制为

$$E + K + ATP \underset{q_{-1}}{\overset{\tilde{q}_1}{\rightleftharpoons}} EK \cdot ATP \underset{\tilde{q}_{-2}}{\overset{q_2}{\rightleftharpoons}} E^* + K + ADP,$$

$$E^* + P \underset{q_{-3}}{\overset{q_3}{\rightleftharpoons}} E^*P \underset{\tilde{q}_{-4}}{\overset{q_4}{\rightleftharpoons}} E + P + Pi, \qquad (5.1)$$

其中 ATP, ADP 和 Pi 分别称为三磷酸腺苷、二磷酸腺苷和磷酸. 在细胞中, ATP, ADP 和 Pi 的浓度经常是被控制住的, 所以为了简化起见, 我们假设它们是给定的常数. 因此完整的反应机制可简写为

$$E + K \underset{q_{-1}}{\overset{q_1}{\rightleftharpoons}} EK \underset{q_{-2}}{\overset{q_2}{\rightleftharpoons}} E^* + K, \quad E^* + P \underset{q_{-3}}{\overset{q_3}{\rightleftharpoons}} E^*P \underset{q_{-4}}{\overset{q_4}{\rightleftharpoons}} E + P, \quad (5.2)$$

其中 $q_1 = \tilde{q}_1[\text{ATP}]$, $q_{-2} = \tilde{q}_{-2}[\text{ADP}]$ 和 $q_{-4} = \tilde{q}_{-4}[\text{Pi}]$ 都是拟二阶反应常数.

如果把该化学反应系统放在试管里 (闭系统), 并不人为控制 [ATP], [ADP] 和 [Pi], 在等待足够长的时间之后, 系统会达到热力学平衡态, 即每个反应的正向和逆向流都相等, 于是可以得到

$$\frac{[\text{E}]^{\text{eq}}}{[\text{E}^*]^{\text{eq}}} = \frac{q_{-1}\tilde{q}_{-2}[\text{ADP}]^{\text{eq}}}{\tilde{q}_1[\text{ATP}]^{\text{eq}}q_2} = \frac{q_3 q_4}{q_{-3}\tilde{q}_{-4}[\text{Pi}]^{\text{eq}}}.$$

因此, 当酶 K 和 P 的总浓度远小于底物 E 和 E* 的总浓度时, 闭系统平衡态时 E 分子的活性状态比例为

$$f = \frac{[\text{E}^*]^{\text{eq}}}{\text{E}_{\text{tot}}^{\text{eq}}} \approx \frac{[\text{E}^*]^{\text{eq}}}{[\text{E}]^{\text{eq}} + [\text{E}^*]^{\text{eq}}} = \frac{1}{1 + \dfrac{q_{-1}\tilde{q}_{-2}[\text{ADP}]^{\text{eq}}}{\tilde{q}_1[\text{ATP}]^{\text{eq}}q_2}},$$

它与信号强度, 即酶 K 和 P 的浓度无关, 就是说完全没有灵敏度.

在真实的活细胞中, $\dfrac{q_{-1}\tilde{q}_{-2}[\text{ADP}]}{\tilde{q}_1[\text{ATP}]q_2} \neq \dfrac{q_3 q_4}{q_{-3}\tilde{q}_{-4}[\text{Pi}]}$, 而且由于 q_{-2} 和 q_{-4} 非常小, 因此在考虑动力学过程时可以令其为零. 于是我们的反应机制就变为

$$E + K \underset{q_{-1}}{\overset{q_1}{\rightleftharpoons}} EK \xrightarrow{q_2} E^* + K, \quad E^* + P \underset{q_{-3}}{\overset{q_3}{\rightleftharpoons}} E^*P \xrightarrow{q_4} E + P. \quad (5.3)$$

根据前面学过的米氏酶动力学知识, 在一定的条件下 (比如酶的总量远小于底物总量), 酶反应速率是满足米氏方程的. 更进一步, 如果底物浓度远小于米氏常数, 酶反应速率是近似一阶的, 即该化学反应系统可近似为

$$E \xrightarrow{k_1 K_{\text{tot}}} E^*, \quad E^* \xrightarrow{k_2 P_{\text{tot}}} E, \quad (5.4)$$

其中 K_{tot} 和 P_{tot} 分别表示蛋白激酶和磷酸酯酶的总浓度. (思考: 如何将 k_1 和 k_2 表示成完整化学反应机制中各反应常数的函数?)

于是我们可以建立 E^* 的浓度的动力学方程:

$$\frac{d[E^*]}{dt} = k_1 K_{tot}[E] - k_2 P_{tot}[E^*], \quad [E] + [E^*] = E_{tot}, \tag{5.5}$$

其中 E_{tot} 是酶分子 E 的总浓度.

在定态 $\left(\text{即} \ \frac{d[E^*]}{dt} = 0\right)$ 时, 酶活性状态的比例是

$$f = \frac{[E^*]^{ss}}{E_{tot}} = \frac{\theta}{1+\theta}, \quad \theta = \frac{k_1 K_{tot}}{k_2 P_{tot}}, \tag{5.6}$$

其中上标 "ss" 表示定态时对应的浓度. 于是我们发现, 提高活性激酶的量或者降低活性磷酸酯酶的量, 将把酶从 "关" 变成 "开". 这就是生物化学家所称的生物信号开关. 但是这种线性信号开关灵敏度并不高 (希尔系数为 1).

注意蛋白激酶和磷酸酯酶本身也可以被磷酸化! 比如 Mitogen-Activated Protein (MAP) Kinase, MAP Kinase Kinase 和 MAP Kinase Kinase Kinase 等机制, 这可以在所有的生物化学教材上找到 (图 5.3).

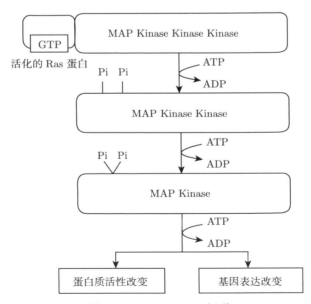

图 5.3 MAP Kinase 级联

细胞中还有其他的关键生化反应，即使其化学反应非常不同，都具有类似的动力学方程，例如细胞膜上的 G 蛋白偶联信号系统 (图 5.2(B))：

$$\text{GTP} + \text{G} \cdot \text{GDP} \xrightarrow{k_1[\text{GEF}]} \text{GDP} + \text{G} \cdot \text{GTP},$$
$$\text{G} \cdot \text{GTP} \xrightarrow{k_2[\text{GAP}]} \text{G} \cdot \text{GDP} + \text{Pi}, \tag{5.7}$$

其中 G 是 GTP 酶，即能催化三磷酸鸟苷 (GTP) 水解反应 GTP → GDP + Pi 的酶，也称为 G 蛋白；G·GTP 和 G·GDP 分别表示 G 蛋白与 GTP 和 GDP 结合的状态，其中一般来说 G·GTP 是具有活性的；GEF 和 GAP 分别表示鸟嘌呤核苷交换因子和 GTP 酶激发蛋白。从生物化学和细胞生物学的角度来说，磷酸化–去磷酸化环和 G 蛋白偶联信号系统是本质上不同的信号系统，以至于为此颁发了两次诺贝尔奖：诺贝尔医学奖和诺贝尔生理学奖，分别授予 E. H. Fischer, E. G. Krebs (1992) 和 A. G. Gilman, M. Rodbell (1994)，以表彰他们发现 PdPC 和 GTPase 的伟大贡献。

§5.2　磷酸化–去磷酸化环中的米氏酶动力学

回到完整的反应机制

$$\text{E} + \text{K} \underset{q_{-1}}{\overset{q_1}{\rightleftharpoons}} \text{EK} \xrightarrow{q_2} \text{E}^* + \text{K}, \quad \text{E}^* + \text{P} \underset{q_{-3}}{\overset{q_3}{\rightleftharpoons}} \text{E}^*\text{P} \xrightarrow{q_4} \text{E} + \text{P}. \tag{5.8}$$

如果底物浓度远大于米氏常数，那么在这种接近饱和的情况下灵敏度又当如何？直观上来说，如果磷酸化和去磷酸化的反应都是近似零阶的，那么磷酸化速率为 $k_+\text{K}_{\text{tot}}$，去磷酸化速率为 $k_-\text{P}_{\text{tot}}$，则很容易看出，当 $k_+\text{K}_{\text{tot}} < k_-\text{P}_{\text{tot}}$ 时，目标蛋白完全处于未磷酸化的状态，而当 $k_+\text{K}_{\text{tot}} > k_-\text{P}_{\text{tot}}$ 时，目标蛋白完全处于磷酸化的状态，其灵敏度为无穷。这就是当年 Goldbeter 和 Koshland 提出该模型的直观出发点。(思考：如何将 k_+ 和 k_- 表示成完整化学反应机制中各反应常数的函数？)

为了严格起见, 我们直接从完整反应机制出发, 这时 $[E], [E^*], [K], [P], [EK]$ 和 $[EP]$ 的定态浓度满足方程 (请读者自己列出动力学方程):

$$q_1[E]^{ss}[K]^{ss} - q_{-1}[EK]^{ss} = q_2[EK]^{ss}, \tag{5.9a}$$

$$q_2[EK]^{ss} = q_4[E^*P]^{ss}, \tag{5.9b}$$

$$q_3[E^*]^{ss}[P]^{ss} - q_{-3}[E^*P]^{ss} = q_4[E^*P]^{ss}, \tag{5.9c}$$

$$[E]^{ss} + [EK]^{ss} + [E^*]^{ss} + [E^*P]^{ss} = E_{tot}, \tag{5.9d}$$

$$[K]^{ss} + [EK]^{ss} = K_{tot}, \tag{5.9e}$$

$$[P]^{ss} + [E^*P]^{ss} = P_{tot}. \tag{5.9f}$$

前三个方程可以简化成

$$\frac{[E]^{ss}[K]^{ss}}{E_{tot}[EK]^{ss}} = K_{MK}, \qquad \frac{[E^*]^{ss}[P]^{ss}}{E_{tot}[E^*P]^{ss}} = K_{MP}, \qquad \frac{[E^*P]^{ss}}{[EK]^{ss}} = \frac{q_2}{q_4},$$

其中 K_{MK}, K_{MP} 是激酶和磷酸酯酶的米氏常数:

$$K_{MK} = \frac{q_2 + q_{-1}}{q_1 E_{tot}}, \quad K_{MP} = \frac{q_4 + q_{-3}}{q_3 E_{tot}}. \tag{5.10}$$

结合 (5.9e) 式和 (5.9f) 式, 有

$$[EK]^{ss} = \frac{K_{tot}[E]^{ss}}{[E]^{ss} + E_{tot}K_{MK}}, \quad [E^*P]^{ss} = \frac{P_{tot}[E^*]^{ss}}{[E^*]^{ss} + E_{tot}K_{MP}}.$$

然后全放在一起, 代入 (5.9b) 式和 (5.9d) 式, 并记 $\widehat{\theta} = \frac{q_2}{q_4}$, 我们有

$$f + g + \frac{K_{tot}}{E_{tot}}\frac{g}{g + K_{MK}} + \frac{P_{tot}}{E_{tot}}\frac{f}{f + K_{MP}} = 1, \tag{5.11}$$

$$\widehat{\theta} = \frac{P_{tot}}{K_{tot}}\frac{f(g + K_{MK})}{g(f + K_{MP})}, \tag{5.12}$$

其中 $g = \frac{[E]^{ss}}{E_{tot}}$ 和 $f = \frac{[E^*]^{ss}}{E_{tot}}$. 有两个未知数、两个方程, 我们最后得到 f 是 $\widehat{\theta}, K_{MK}, K_{MP}, \frac{K_{tot}}{E_{tot}}$ 和 $\frac{P_{tot}}{E_{tot}}$ 的函数.

如果 $\dfrac{K_{tot}}{E_{tot}}$ 和 $\dfrac{P_{tot}}{E_{tot}}$ 都 $\ll 1$，那么 (5.11) 式可简化成

$$f + g = 1. \tag{5.13}$$

于是 (5.12) 式给出

$$\widehat{\theta} = \frac{P_{tot}}{K_{tot}} \frac{f(1 - f + K_{MK})}{(1 - f)(f + K_{MP})}, \tag{5.14}$$

此方程决定的 f 作为 K_{tot} 等的函数正是著名的 Goldbeter-Koshland 函数 (图 5.4).

其实，Goldbeter-Koshland 函数可以直接从完整反应机制的米氏酶动力学近似中得出，即把磷酸化和去磷酸化看成两个酶反应，其速率都用米氏方程表示.

如果 K_{MK}, $K_{MP} \ll 1$，那么根据 (5.14) 式得到的是零阶超灵敏度 (图 5.4). 而如果 K_{MK}, $K_{MP} \gg 1$，那么可以进一步将 (5.14) 式简化为

$$\frac{K_{MP}K_{tot}\widehat{\theta}}{K_{MK}P_{tot}} = \theta = \frac{f}{1 - f}. \tag{5.15}$$

这实际上和 (5.6) 式相同.

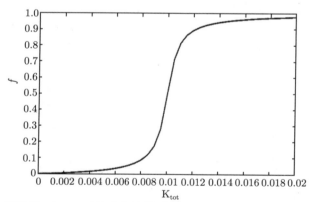

图 5.4 超灵敏 PdPC 开关确定性模型中 f 对于 K_{tot} 的曲线：$q_1 = q_3 = 10 \, \text{mol}/(\text{L}\cdot\text{s})$，$q_{-1} = q_{-3} = 1 \, \text{s}^{-1}$，$q_2 = q_4 = 1.5 \, \text{s}^{-1}$，$K_{tot} = P_{tot} = 0.01 \, \text{mol/L}$

§5.3 具有反馈的磷酸化–去磷酸化环

在很多的磷酸化–去磷酸化环和 G 蛋白偶联机制中都含有另外的

反应. 特别地, 激酶经常要等到结合上一个或两个磷酸化后的 E* 后才能真正被激活. 相似地, GEF 也要等到结合上已经和 GTP 结合了的 G 蛋白后才能被激活 (图 5.5).

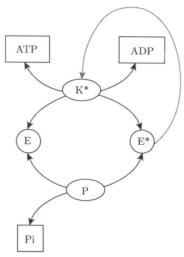

图 5.5 具有正反馈的磷酸化–去磷酸化环

像图 5.5 中这类具有反馈①的生物化学系统的简单动力学模型, 即在反应

$$E + K^* \underset{q_{-1}}{\overset{q_1}{\rightleftharpoons}} EK^* \overset{q_2}{\longrightarrow} E^* + K^*,$$

$$E^* + P \underset{q_{-3}}{\overset{q_3}{\rightleftharpoons}} E^*P \overset{q_4}{\longrightarrow} E + P \tag{5.16}$$

的基础上加上反馈反应

$$K + \nu E^* \rightleftharpoons K^*. \tag{5.17}$$

---

① 从数学角度上来理解反馈机制, 即在微分动力系统 $\dfrac{\mathrm{d}x}{\mathrm{d}t} = f(x)$ 中定义某变量 x_i 对另一变量 x_j 是正作用还是负作用, 其实就是看 $\dfrac{\partial f_j}{\partial x_i}$ 的符号是正还是负 $\Big($当然也有可能 $\dfrac{\partial f_j}{\partial x_i}$ 的符号随着 x 值的不同而不同, 那样的情况就更复杂了$\Big)$. 如果有一个环形结构 $x_{i_0} \to x_{i_1} \to \cdots \to x_{i_n} \to x_{i_0}$ 满足 $\displaystyle\prod_{k=1}^{n} \dfrac{\partial f_{i_k}}{\partial x_{i_{k-1}}} \cdot \dfrac{\partial f_{i_0}}{\partial x_{i_n}} > 0$, 则为正反馈; 反之, 则为负反馈.

因此，在到达定态时，我们有

$$q_1[\mathrm{E}]^{\mathrm{ss}}[\mathrm{K}^*]^{\mathrm{ss}} - q_{-1}[\mathrm{EK}^*]^{\mathrm{ss}} = q_2[\mathrm{EK}^*]^{\mathrm{ss}}, \tag{5.18a}$$

$$q_2[\mathrm{EK}^*]^{\mathrm{ss}} = q_4[\mathrm{E}^*\mathrm{P}]^{\mathrm{ss}}, \tag{5.18b}$$

$$q_3[\mathrm{E}^*]^{\mathrm{ss}}[\mathrm{P}]^{\mathrm{ss}} - q_{-3}[\mathrm{E}^*\mathrm{P}]^{\mathrm{ss}} = q_4[\mathrm{E}^*\mathrm{P}]^{\mathrm{ss}}, \tag{5.18c}$$

$$[\mathrm{K}^*]^{\mathrm{ss}} = K_{\mathrm{eq}}[\mathrm{K}]^{\mathrm{ss}}([\mathrm{E}^*]^{\mathrm{ss}})^{\nu}, \tag{5.18d}$$

$$[\mathrm{E}]^{\mathrm{ss}} + [\mathrm{EK}^*]^{\mathrm{ss}} + [\mathrm{E}^*]^{\mathrm{ss}} + [\mathrm{E}^*\mathrm{P}]^{\mathrm{ss}} + \nu[\mathrm{K}^*]^{\mathrm{ss}} = \mathrm{E}_{\mathrm{tot}}, \tag{5.18e}$$

$$[\mathrm{K}]^{\mathrm{ss}} + [\mathrm{K}^*]^{\mathrm{ss}} + [\mathrm{EK}^*]^{\mathrm{ss}} = \mathrm{K}_{\mathrm{tot}}, \tag{5.18f}$$

$$[\mathrm{P}]^{\mathrm{ss}} + [\mathrm{E}^*\mathrm{P}]^{\mathrm{ss}} = \mathrm{P}_{\mathrm{tot}}, \tag{5.18g}$$

其中 K_{eq} 是反馈反应 (5.17) 的平衡常数.

和上一节类似，经过计算可以得到

$$f + g + \frac{\mathrm{K}_{\mathrm{tot}}}{\mathrm{E}_{\mathrm{tot}}} \frac{g + \nu K_{\mathrm{MK}}}{g + K_{\mathrm{MK}} + \dfrac{K_{\mathrm{MK}}}{\tilde{K}_{\mathrm{eq}} f^{\nu}}} + \frac{\mathrm{P}_{\mathrm{tot}}}{\mathrm{E}_{\mathrm{tot}}} \frac{f}{f + K_{\mathrm{MP}}} = 1 \tag{5.19}$$

和

$$\widehat{\theta} = \frac{\mathrm{P}_{\mathrm{tot}}}{\mathrm{K}_{\mathrm{tot}}} \frac{f\left(g + K_{\mathrm{MK}} + \dfrac{K_{\mathrm{MK}}}{\tilde{K}_{\mathrm{eq}} f^{\nu}}\right)}{g(f + K_{\mathrm{MP}})}, \tag{5.20}$$

其中 $\tilde{K}_{\mathrm{eq}} = K_{\mathrm{eq}}\mathrm{E}_{\mathrm{tot}}^{\nu}$, $g = \dfrac{[\mathrm{E}]}{\mathrm{E}_{\mathrm{tot}}}$ 和 $f = \dfrac{[\mathrm{E}^*]}{\mathrm{E}_{\mathrm{tot}}}$.

如果 $\dfrac{\mathrm{K}_{\mathrm{tot}}}{\mathrm{E}_{\mathrm{tot}}}$, $\dfrac{\mathrm{P}_{\mathrm{tot}}}{\mathrm{E}_{\mathrm{tot}}} \ll 1$，那么有 $f + g = 1$，因此以上式子可以简化为

$$\widehat{\theta} = \frac{\mathrm{P}_{\mathrm{tot}}}{\mathrm{K}_{\mathrm{tot}}} \frac{f\left(1 - f + K_{\mathrm{MK}} + \dfrac{K_{\mathrm{MK}}}{\tilde{K}_{\mathrm{eq}} f^{\nu}}\right)}{(1 - f)(f + K_{\mathrm{MP}})}. \tag{5.21}$$

当 $\tilde{K}_{\mathrm{eq}} \ll 1$ 时[①]，$[\mathrm{K}](t) \approx \mathrm{K}_{\mathrm{tot}}$. 此时，如果我们又进一步假设反馈反应 (5.17) 处于快速平衡中，即 $[\mathrm{K}^*](t) = K_{\mathrm{eq}}[\mathrm{K}](t)([\mathrm{E}^*](t))^{\nu}$，就有 $[\mathrm{K}^*](t) \approx \mathrm{K}_{\mathrm{tot}} K_{\mathrm{eq}}([\mathrm{E}^*](t))^{\nu}$.

[①] 如果 $\tilde{K}_{\mathrm{eq}}$ 很大时，正反馈效应将消失.

进一步，如果 K_{MK} 和 K_{MP} 都很大，则 E 和 E* 之间的双向化学反应都处于一阶反应近似范围，即[①]

$$E \xrightarrow{k_1[K^*]} E^*, \qquad E^* \xrightarrow{k_2 P_{tot}} E.$$

于是动力学方程可近似为

$$\frac{\mathrm{d}[E^*]}{\mathrm{d}t} = k_1 K_{eq} K_{tot} [E^*]^\nu [E] - k_2 P_{tot} [E^*], \tag{5.22}$$

其中 $[E] + [E^*] = E_{tot}$，$\nu = 1, 2$. 这里所有的浓度都是时间的函数.

令

$$f = \frac{[E^*](t)}{E_{tot}}, \tag{5.23}$$

则可以得到常微分方程

$$\frac{\mathrm{d}f}{\mathrm{d}t} = \alpha f^\nu (1 - f) - \beta f, \tag{5.24}$$

其中 $\alpha = k_1 K_{eq} K_{tot} E_{tot}^\nu$，$\beta = k_2 P_{tot}$. 不动点满足的方程即为 (5.21) 式在以上这些近似下的方程.

对于 $\nu = 1$，有两个不动点；而对于 $\nu = 2$，有三个不动点. 零点总是不动点.

如果 $\nu = 1$，在 $\frac{\alpha}{\beta} = 1$ 处有跨临界分岔；如果 $\nu = 2$，在 $\frac{\alpha}{\beta} = 4$ 处会出现鞍结点分岔 (见习题).

但是，实际上 $f = 0$ 不可能是磷酸化和去磷酸化反应的一个不动点，否则无论如何增加 K_{tot} 都将无法达到开启生物开关的效果. 为此，我们需要把各个逆反应都考虑进来：

$$E + ATP + K^* \underset{a_{-1}}{\overset{a_1}{\rightleftharpoons}} E^* + ADP + K^*,$$

$$K + 2E^* \underset{a_{-3}}{\overset{a_3}{\rightleftharpoons}} K^*, \quad E^* + P \underset{a_{-2}}{\overset{a_2}{\rightleftharpoons}} E + Pi + P, \tag{5.25}$$

---

① 此时，如果 K_{MK} 和 K_{MP} 都很小，则 E 和 E* 之间的双向化学反应都可以近似为零阶反应，即 $[E^*]$ 的生成速率正比于 $[E^*]^\nu$，而降解速率为常数；如果只有 K_{MP} 很小，正反馈也可以形成双稳态，可以参考文献：Ferrell J E, Xiong W. Bistability in cell signaling: How to make continuous processes discontinuous, and reversible processes irreversible. Chaos, 2001，11(1): 227–236.

其中 E 和 E* 分别是一个信号蛋白的非激活和激活形式, K 和 P 分别是激酶和磷酸酯酶, 分别催化磷酸化和去磷酸化反应, K 和 K* 分别是激酶的非激活和激活形式. ATP 的水解 ATP $\rightleftharpoons$ ADP + Pi 提供该反应的化学驱动力. 在细胞里, ATP, ADP 和 Pi 的浓度都是近似不变的, 并且 $[E] + [E^*] = E_{tot}$.

设 $k_1 = a_1 a_3 [ATP]/a_{-3}$, $k_{-1} = a_{-1} a_3 [ADP]/a_{-3}$, $k_2 = a_2 P_{tot}$, $k_{-2} = a_{-2} [Pi] P_{tot}$, 则在结合反应 $K + 2E^* \rightleftharpoons K^*$ 的快速平衡假设及 $[K^*] \ll [K]$ 下, 该反应可简化为 $E \rightleftharpoons E^*$, 正向和反向速率分别是 $R^+(x) = (k_1 K_{tot} x^2 + k_{-2})(E_{tot} - x)$ 和 $R^-(x) = (k_2 + k_{-1} K_{tot} x^2)x$, 其中 $x(t) = [E^*](t)$. 于是确定性模型是

$$\frac{dx}{dt} = R^+(x) - R^-(x) = r(x; \theta, \varepsilon)$$
$$= k_2 \left\{ \theta x^2 \left[(E_{tot} - x) - \varepsilon x\right] + \left[\mu(E_{tot} - x) - x\right] \right\}, \quad (5.26)$$

其中三个参数为 $\theta = k_1 K_{tot}/k_2$, $\varepsilon = k_{-1}/k_1$ 和 $\mu = k_{-2}/k_2$. 该系统的鞍结点分岔见图 5.6.

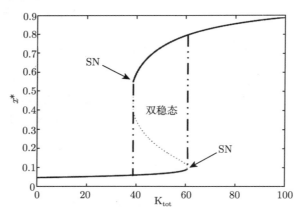

图 5.6 分岔相图, 其中 x^* 是方程 (5.26) 的不动点, SN 表示鞍结点分岔 ($k_1 = 1$, $E_{tot} = 1$, $k_{-1} = 0.01$, $k_2 = 10$, $k_{-2} = 0.5$)

我们这里所做的假设并非是唯一的, 在不同的条件下可以做出不同的假设, 得到不同的动力学方程和动力学定性的行为.

阅 读 材 料

[1]　Qian H. Phosphorylation energy hypothesis: Open chemical systems and their biological functions. Ann Rev Phys Chem, 2007, 58: 113–142.

[2]　Goldbeter A, Koshland D E. An amplified sensitivity arising from covalent modification in biological systems. Proc Natl Acaol Sci USA, 1981, 78 (11): 6840–6844.

习　　题

1. 试分析常微分方程

$$\frac{\mathrm{d}f}{\mathrm{d}t} = \alpha f^{\nu}(1-f) - \beta f,$$

其中 α 和 β 是两个大于零的常数. 对于 $\nu = 1$, 有两个不动点, 在 $\frac{\alpha}{\beta} = 1$ 处有跨临界分岔; 对于 $\nu = 2$, 有三个不动点, 在 $\frac{\alpha}{\beta} = 4$ 处会出现鞍结点分岔.

2. 糖降解的 Selkov 模型中各化学反应为

$$\xrightarrow{\nu_1} S_1,$$

$$S_1 + ES_2^{\gamma} \underset{k_{-1}}{\overset{k_1}{\rightleftharpoons}} S_1ES_2^{\gamma} \xrightarrow{k_2} ES_2^{\gamma} + S_2,$$

$$S_2 \xrightarrow{\nu_2} \varnothing,$$

$$\gamma S_2 + E \underset{k_{-3}}{\overset{k_3}{\rightleftharpoons}} ES_2^{\gamma}, \tag{5.27}$$

其中 S_1 是 ATP, S_2 是 ADP. 已知 ATP 可以抑制自身的去磷酸化过程. 这个过程一个可能的机制是假设 ATP 和酶结合使之失活:

$$S_1 + E \underset{k_{-4}}{\overset{k_4}{\rightleftharpoons}} S_1E.$$

请将这个反应式加到糖降解的 Selkov 模型中并假设 $[ES_2^{\gamma}]$ 和 $[S_1ES_2^{\gamma}]$

处于拟稳态，求出形如

$$\frac{\mathrm{d}\sigma_1}{\mathrm{d}t} = \nu - f(\sigma_1, \sigma_2),$$

$$\frac{\mathrm{d}\sigma_2}{\mathrm{d}t} = \alpha f(\sigma_1, \sigma_2) - \eta\sigma_2 \qquad (5.28)$$

的动力学方程. 试从模型出发解释为什么增加的反应是抑制性的.

　　*3. (1) 选取适当的快速平衡假设，对酶反应

$$\mathrm{E} + \mathrm{S} \rightleftharpoons \mathrm{ES} \rightarrow \mathrm{E} + \mathrm{P}$$

的质量作用定律方程进行无量纲化; (提示：快速平衡假设即 $k_1 e_0$ 和 k_{-1} 比 k_2 要大很多，应该能得到形如

$$\varepsilon\frac{\mathrm{d}\sigma}{\mathrm{d}\tau} = \alpha x - \beta\alpha\sigma(1 - x), \qquad (5.29)$$

$$\varepsilon\frac{\mathrm{d}x}{\mathrm{d}\tau} = \beta\sigma(1 - x) - x - \varepsilon x \qquad (5.30)$$

的方程，其中 $\varepsilon = \dfrac{k_2}{k_{-1}}, \alpha = \dfrac{e_0}{s_0}, \beta = \dfrac{k_1 s_0}{k_{-1}}$.)

　　(2) 慢变量是 $\sigma + \alpha x$，试求出该慢变量在 $O(1)$ 时间尺度内满足的微分方程;

　　(3) 对于最低阶的 ε，求出 σ 在这个时间尺度下的微分方程;

　　(4) 变换变量，试求出小时间尺度下的方程;

　　(5) 证明：对于最低阶的 ε，在较小的时间尺度下，$\sigma + \alpha x$ 是常数;

　　(6) 画出相空间的略图 (可以用 XPPAUTO 软件画图).

　　*4. 对于某些酶促反应 (例如由脊椎动物视网膜晶体中的磷酸二酯酶参与的 cAMP 的水解反应)，酶的数量很大，所以 $\dfrac{e_0}{s_0}$ 很大. 这就不满足第三章中米氏方程的条件，但是米氏方程有另一种形式，不依赖于 $\varepsilon = \dfrac{e_0}{s_0}$ 很小. 如果 $k_{-1}, k_2 \gg k_1 e_0$，则生成聚合物 ES 的反应是一个快速的指数过程，可以采取拟稳态假设近似. 请引进适当的无量纲变量，求出系统拟稳态近似下的动力学方程.

第六章 细胞电生理学，神经元兴奋性和 Hodgkin-Huxley 理论

之前的各章中，我们都是专注于化学反应系统，研究其中的浓度动力学. 但是，细胞并不只是化学反应系统. 在本章中，我们将讨论细胞的电性质. 这正是细胞电生理学的内容.

§6.1 电化学势: Nernst-Planck 方程

研究细胞的电性质意味着考虑电流和电势 (电压). 细胞层面的电流是由于多种带电物质 (比如离子等) 的运动引起的，所以化学和电学会纠缠在一起. 该方向的理论基础就是电化学势的概念.

带电物质的浓度梯度会产生电场，产生电势差. 如果用电压表去测量细胞膜两侧的电势差，那么大约是 -60 mV 到 -90 mV (里侧电势减去外侧电势). 这个细胞膜两边的电势差和细胞内外的离子 (比如钾离子 K^+) 浓度，在平衡态时 (图 6.1) 会有什么关系呢? 这正是本节的内容.

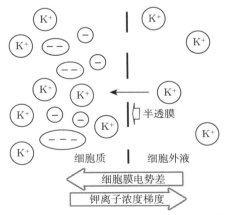

图 6.1 细胞膜两边钾离子的 Nernst 电势

考虑这个问题时，我们可以做个类比：重力会对气体分子有什么作用？我们知道每个气体分子都是被重力牵引的，因此位于高度 h 的分子具有势能 mgh，其中 m 是分子的质量，$g = 9.8 \text{ ms}^{-2}$，是重力加速度. 这就决定了气体密度作为高度的函数：

$$\rho(h) \propto \mathrm{e}^{-\frac{mgh}{k_B T}}, \tag{6.1}$$

其中 T 为温度. 这就是 Boltzmann 定律 (平衡态统计力学的基础). 相似地，对于带电物质，平衡态时我们有

$$\frac{\rho_1}{\rho_2} = \mathrm{e}^{-\frac{q(V_1 - V_2)}{k_B T}}, \tag{6.2}$$

其中 q 是带电物质的电量，ρ_i $(i = 1, 2)$ 是细胞膜两侧的离子浓度，V_i $(i = 1, 2)$ 是细胞膜两侧的电势.

(6.2) 式称为 **Nernst-Planck 方程**，它给出了带电物质在电势差存在的情况下的平衡条件. 当一种带电物质在细胞内外的浓度分别是 ρ_1 和 ρ_2 时，浓度差引起的物质运动会与因为电势差驱动而形成的电荷运动相平衡. 因此，这是一种热力学电化学平衡. 在给定浓度情况下，与之相平衡的电势差 (里侧减去外侧) 也称为 Nernst 电势 (作为离子浓度的函数)，即

$$\Delta V = V_1 - V_2 = k_B T \frac{\ln \dfrac{\rho_2}{\rho_1}}{q}.$$

从纯动力学角度的推导将在第九章给出. 在神经元细胞内，钠离子的 Nernst 电势为 50 mV，所以钠离子外侧浓度大于里侧浓度；钾离子的 Nernst 电势为 −77 mV，所以钾离子外侧浓度小于里侧浓度. 对于带正电荷的离子，当细胞膜两侧的电势差 (里侧减去外侧) 小于 Nernst 电势时，离子会自发从细胞膜外往细胞内运动.

另一方面，从能量的角度，可以定义细胞内外自由能的差

$$\Delta G = \Delta \mu + q \Delta V,$$

其中 $\Delta \mu = k_B T \ln \dfrac{\rho_1}{\rho_2}$，$\Delta V = V_1 - V_2$，则 Nernst-Planck 方程可以从 $\Delta G = 0$ 直接得出.

§6.2 Hodgkin-Huxley 模型

神经元兴奋性 (excitability)，或称可激发性，是神经元细胞最重要的性质之一，它是指可兴奋细胞受到刺激时产生动作电位 (action potential) 的能力.

6.2.1 细胞膜作为电容

因为具有双层的结构，细胞膜可以看作电容. 从电学基本理论可知，通过一个电容的电流和电压差满足方程

$$C_m \frac{\mathrm{d}V}{\mathrm{d}t} = -I, \tag{6.3a}$$

其中 C_m 是细胞膜的电容量，V 是里侧电势减去外侧电势，I 是电流，以从里往外为正 (图 6.2).

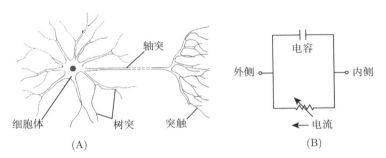

图 6.2 神经元细胞及其细胞膜电容模型

电流

$$I = I_{\mathrm{Na}} + I_{\mathrm{K}} + I_{\mathrm{L}} - I_{\mathrm{a}} \tag{6.3b}$$

由 Na^+ 的电流 I_{Na}，K^+ 的电流 I_{K}，所有其他的渗漏电流 I_{L} 和实验上加上的电流 I_{a} 构成，它们的具体形式是

$$I_{\mathrm{Na}} = g_{\mathrm{Na}} m^3 h \left(V - V_{\mathrm{Na}} \right), \tag{6.3c}$$

$$I_{\mathrm{K}} = g_{\mathrm{K}} n^4 \left(V - V_{\mathrm{K}} \right), \tag{6.3d}$$

$$I_{\mathrm{L}} = g_{\mathrm{L}} \left(V - V_{\mathrm{L}} \right), \tag{6.3e}$$

其中 V_K 和 V_{Na} 是细胞膜两侧钾离子和钠离子的 Nernst 电势，V_L 是渗漏电流的平衡电势，而 g_K，g_{Na} 和 g_L 是常数，$m^3 h$ (钠通道有两种亚基，一种有 3 个，另一种有 1 个) 和 n^4 (钾通道只有一种亚基，共 4 个) 是对应的离子通道开的概率. 这里假设只有每个亚基都开时，整个通道才开，而且假设每个亚基之间独立. 最初 Hodgkin 和 Huxley 并不知道这些结构知识，这些表达式是通过数值拟合得到的.

6.2.2 离子流，离子通道和单通道记录

Hodgkin-Huxley (HH) 模型中关于钠离子和钾离子的电流表达式是基于下面的考虑得到的. 首先，钠、钾等离子的离子电流是通过细胞膜上的特异性离子通道来形成的. 离子通道是中间有个 "洞" 的跨膜蛋白 (图 6.3).

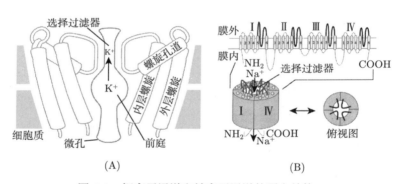

图 6.3 钾离子通道和钠离子通道的蛋白结构

HH 模型是在 1953 年提出的，主要是基于一种叫 Voltage-clamp (电势钳) 的实验技术所测量的数据[1]. 到了 20 世纪 70 年代，生物物理学家 Neher 和 Sakmann 等开始研究单个通道蛋白，一次一个，利用一种叫 patch-clamp (膜钳制) 的单通道电流记录技术. 他们发现每一个通道 (或亚基) 都是在开 (O) 和关 (C) 两个状态之间转换：

$$C \underset{\beta}{\overset{\alpha}{\rightleftharpoons}} O. \tag{6.4}$$

---

① 具体历史可见参考文献 [5] 的第 5.1 节.

如果用 p 表示该通道打开的比例, 或者是单个通道打开的概率, 我们有

$$\frac{\mathrm{d}p}{\mathrm{d}t} = \alpha(1-p) - \beta p. \tag{6.5}$$

该式子还可以改写成

$$\tau \frac{\mathrm{d}p}{\mathrm{d}t} = p_\infty - p, \tag{6.6}$$

其中 $p_\infty = \dfrac{\alpha}{\alpha+\beta}$, $\tau = \dfrac{1}{\alpha+\beta}$. 在初始条件 $p(0)=0$ 下, 求解该简单常微分方程可以得到

$$p = p_\infty \left(1 - \mathrm{e}^{-t/\tau}\right)$$

$\left(\text{从} \dfrac{\mathrm{d}(\mathrm{e}^{t/\tau}p)}{\mathrm{d}t} = \mathrm{e}^{t/\tau}\dfrac{p_\infty}{\tau} \text{ 中解得}\right)$, 因此可以看到 $\dfrac{1}{\tau}$ 其实就是从任意一个值出发趋于平稳值的速率.

描述钠离子和钾离子通道每个蛋白亚基打开概率的变量 m, h 和 n 都满足类似的方程. 对于钠离子通道来说, m 在细胞膜的静息电位 $V = V_{eq}$ 时取很小的值, h 取很大的值; 而当细胞膜电位逐渐增加的时候, m 会逐渐增加, h 逐渐减小, 因此 m 称为**激发变量**, 而称 h 为**抑制变量**.

更进一步, 单个通道的研究也表明 α 和 β 是膜电势 V 的函数. 这实际上 Hodgkin 和 Huxley 就已经知道了, 他们的数学模型是

$$C_m \frac{\mathrm{d}v}{\mathrm{d}t} = -g_{Na}m^3h\,(v - v_{Na})$$
$$- g_K n^4\,(v - v_K) - g_L\,(v - v_L) + I_a, \tag{6.7}$$

$$\frac{\mathrm{d}m}{\mathrm{d}t} = \alpha_m(v)(1-m) - \beta_m(v)m, \tag{6.8a}$$

$$\frac{\mathrm{d}n}{\mathrm{d}t} = \alpha_n(v)(1-n) - \beta_n(v)n, \tag{6.8b}$$

$$\frac{\mathrm{d}h}{\mathrm{d}t} = \alpha_h(v)(1-h) - \beta_h(v)h, \tag{6.8c}$$

其中 $v = V - V_{eq}$, $v_{Na} = V_{Na} - V_{eq}$, $v_K = V_K - V_{eq}$, $v_L = V_L - V_{eq}$; 而 $\alpha_i(v)$, $\beta_i(v)$ $(i = h, m, n)$ 都是被很多不同实验验证的经验公式:

$$\alpha_m(v) = 0.1 \frac{25 - v}{\mathrm{e}^{(25-v)/10} - 1}, \tag{6.8d}$$

$$\beta_m(v) = 4\mathrm{e}^{-v/18}, \tag{6.8e}$$

$$\alpha_n(v) = 0.01 \frac{10 - v}{\mathrm{e}^{(10-v)/10} - 1}, \tag{6.8f}$$

$$\beta_n(v) = 0.125\mathrm{e}^{-v/80}, \tag{6.8g}$$

$$\alpha_h(v) = 0.07\mathrm{e}^{-v/20}, \tag{6.8h}$$

$$\beta_h(v) = \frac{1}{\mathrm{e}^{(30-v)/10} + 1}. \tag{6.8i}$$

(6.7) 式和 (6.8) 式一起给出了一个完整的四维 (v, m, n, h) 非线性动力系统方程. 该四维动力系统只能由数值方法来解. 对该四维动力系统 (即常微分方程组) 进行数值模拟，可以得到分岔图 6.4. 可见，当 I_a 很小的时候，只有一个稳定不动点；随着 I_a 的增大，先经历一次鞍结点分岔 (极限环类型)，即在远离稳定不动点的地方同时出现一个稳定极限环和不稳定极限环；随着 I_a 的再次增大，不稳定极限环慢慢靠近稳定不动点，然后经历一次 Hopf 分岔，合并为一个不稳定不动点；当 I_a 足够大时，稳定极限环越来越靠近不稳定不动点，再经历一次 Hopf 分岔，最终合并为一个稳定不动点.

其定性的动力学行为却可以被 FitzHugh 和 Nagumo 引入的二维简化模型来很好地理解 (见 §6.3)，这是因为 τ_m 往往远小于 τ_n, τ_h，所以变量 v 和 m 变化很快, 而 n 和 h 变化较慢，这里面有较明显的时间尺度分离现象存在.

6.2.3　相图定性分析

快相平面分析：因为 $\tau_m(v) \ll \tau_n(v), \tau_h(v)$，所以 n 和 h 的变化处于一个比 v 和 m 慢很多的时间尺度上. 正是基于快、慢变量的时间尺度不同，我们在考虑初始的神经元兴奋过程时，可以认为 n 和 h 是常数，而只考虑 m 和 v 的变化. 此时该平面的常微分方程组为

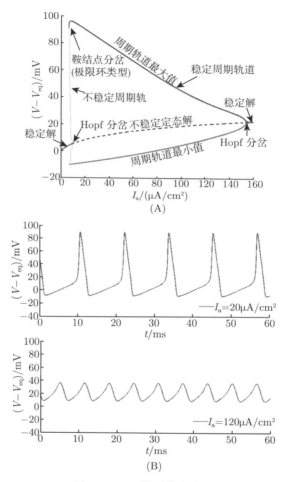

图 6.4 HH 模型的分岔图

$$C_m \frac{\mathrm{d}v}{\mathrm{d}t} = -g_{\mathrm{Na}} m^3 h \left(v - v_{\mathrm{Na}} \right) - g_{\mathrm{K}} n^4 \left(v - v_{\mathrm{K}} \right) - g_{\mathrm{L}} \left(v - v_{\mathrm{L}} \right),$$

$$\frac{\mathrm{d}m}{\mathrm{d}t} = \alpha_m(v)(1 - m) - \beta_m(v)m. \tag{6.9}$$

当 $I_{\mathrm{a}} = 0$ 时, HH 模型只有一个全局的稳定不动点

$$(0, m_\infty(0), n_\infty(0), h_\infty(0)).$$

此时，如果我们令 $n = n_\infty(0), h = h_\infty(0)$，则在快变量 (v, m) 的相图上，该系统共有三个不动点 v_r, v_s, v_e，见图 6.5，其中 $v_r = 0$，且 v_s 和 v_r 很接近.

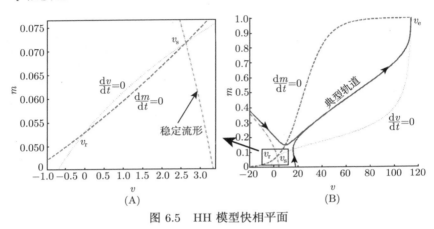

图 6.5　HH 模型快相平面

在零点集 $\dfrac{\mathrm{d}m}{\mathrm{d}t} = 0$ 的上方，$\dfrac{\mathrm{d}m}{\mathrm{d}t} < 0$，即轨线是从上往下的；而在零点集 $\dfrac{\mathrm{d}m}{\mathrm{d}t} = 0$ 的下方，$\dfrac{\mathrm{d}m}{\mathrm{d}t} > 0$，即轨线是从下往上的. 在零点集 $\dfrac{\mathrm{d}v}{\mathrm{d}t} = 0$ 的上方，$\dfrac{\mathrm{d}v}{\mathrm{d}t} > 0$，即轨线是从左往右的；而在零点集 $\dfrac{\mathrm{d}v}{\mathrm{d}t} = 0$ 的下方，$\dfrac{\mathrm{d}v}{\mathrm{d}t} < 0$，即轨线是从右往左的.

于是，在系统受到扰动，使得 v_r 穿过鞍点 v_s 的稳定流形 (图 6.5) 后，v 会很快到达 v_e. 注意到零点集 $\dfrac{\mathrm{d}m}{\mathrm{d}t} = 0$ 与 n, h 独立，但是零点集 $\dfrac{\mathrm{d}v}{\mathrm{d}t} = 0$ 并不是这样. 由于 $v_e > v_r$，因此 $h_\infty(v_e) < h_\infty(v_r)$，$n_\infty(v_e) > n_\infty(v_r)$. 所以，在 v_r 很快变为 v_e 后，h 会慢慢降低，而 n 会渐渐上升，与此对应的快相平面会由图 6.6(A) 中的情况 1 渐渐变为情况 4. 然后在 (v, m) 平面内会发生鞍结点分岔现象，v_e 消失，电势回落到比 $v_r = 0$ 时还低的位置，之后随着 n 的渐渐回落，h 的渐渐上升，最后回到完整四维系统的稳定不动点 (图 6.6(B)).

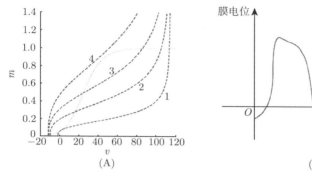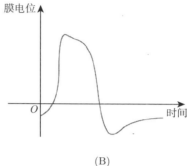

图 6.6　(A) HH 模型快相平面随慢变量的变化；(B) HH 模型
完整的一次动作电位的激发过程

快–慢相平面分析：假设 $m = m_\infty(v)$，即 m 处于比 v 更快的时间
尺度上. 观察到 $h \approx 0.8 - n$. 如此就只剩下了 v 和 n 两维，此时该平
面的常微分方程组为

$$C_m \frac{\mathrm{d}v}{\mathrm{d}t} = -g_{\mathrm{Na}} m_\infty^3(v)(0.8 - n)(v - v_{\mathrm{Na}})$$
$$- g_{\mathrm{K}} n^4 (v - v_{\mathrm{K}}) - g_{\mathrm{L}} (v - v_{\mathrm{L}}), \tag{6.10}$$
$$\frac{\mathrm{d}n}{\mathrm{d}t} = \alpha_n(v)(1 - n) - \beta_n(v) n.$$

在零点集 $\dfrac{\mathrm{d}n}{\mathrm{d}t} = 0$ 的上方，$\dfrac{\mathrm{d}n}{\mathrm{d}t} < 0$，即轨线是从上往下的；而在
零点集 $\dfrac{\mathrm{d}n}{\mathrm{d}t} = 0$ 的下方，$\dfrac{\mathrm{d}n}{\mathrm{d}t} > 0$，即轨线是从下往上的. 在零点集
$\dfrac{\mathrm{d}v}{\mathrm{d}t} = 0$ 的上方，$\dfrac{\mathrm{d}v}{\mathrm{d}t} < 0$，即轨线是从右往左的；而在零点集 $\dfrac{\mathrm{d}v}{\mathrm{d}t} = 0$
的下方，$\dfrac{\mathrm{d}v}{\mathrm{d}t} > 0$，即轨线是从左往右的.
　　设

$$f(v, n) = -g_{\mathrm{Na}} m_\infty(v)^3 (0.8 - n)(v - v_{\mathrm{Na}})$$
$$- g_{\mathrm{K}} n^4 (v - v_{\mathrm{K}}) - g_{\mathrm{L}} (v - v_{\mathrm{L}}).$$

因为 v 是快变量，所以除了在 $f(v, n) = 0$ (称为慢流形) 附近，v 都会

几乎沿着平行于 v 轴的方向运动 $\left(\text{因为 } \dfrac{\mathrm{d}n}{\mathrm{d}t} \text{ 很小}\right)$. 从 $\dfrac{\mathrm{d}v}{\mathrm{d}t}$ 的符号分析来看，v 总是会从慢流形的中间一支向左、右两支运动. 这就是神经元兴奋性的由来：如果我们对稳定不动点进行微小的扰动，那么它会很快回退到稳定不动点；但是如果扰动稍大，使得 v 越过了慢流形的中间一支，而到达其右侧，那么动作电位就会先有一个很强的发放，再退回稳定不动点，见图 6.7(A)，(B).

如果我们加入 I_{a}，那么不动点就会有可能出现在慢流形的中间一支上，变成不稳定的，此时就会形成神经元连续发放 (振荡)，见图 6.7(C)，(D).

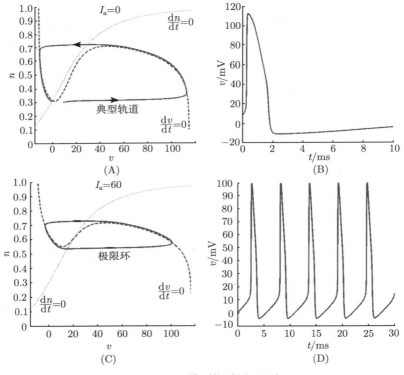

图 6.7　HH 模型快–慢相平面

§6.3 FitzHugh-Nagumo 模型

在 1961 年，Richard FitzHugh 提出了 HH 模型定性的简化版本，后来 Jin-ichi Nagumo 于 1962 年提出了等效电路. 这个简化模型被后人称为 **FitzHugh-Nagumo (FN) 模型**.

最简单的 FN 模型为

$$\frac{\mathrm{d}v}{\mathrm{d}t} = f(v) - w + I_{\mathrm{a}},$$
$$\frac{\mathrm{d}w}{\mathrm{d}t} = bv - \gamma w, \tag{6.11}$$
$$f(v) = v(a - v)(v - 1),$$

其中 $0 < a < 1$.

6.3.1 门限现象和可激发性

Hodgkin-Huxley 理论得出的最重要的数学概念之一就是门限现象 (threshold), 它是只有在非线性动力系统中才能出现的现象. 这个数学概念很好地和电生理学中的神经元兴奋性相对应.

首先，令 $I_{\mathrm{a}} = 0$, 我们发现 $v = w = 0$ 是系统 (6.11) 的一个不动点 (也称为定态), 而且很容易验证是稳定的. 如果 b/γ 足够大，那么这是唯一的定态.

对于一个稳定的不动点，可以预测一个小的扰动会使得系统很快退回该不动点. 但是，对于系统 (6.11), 如果我们对零不动点的扰动 $v_0 > a > 0$, 那么一开始该系统会继续远离而不是很快退回原点. 所以，该系统在最终回到唯一的不动点之前会有 "大偏移". 这称为**门限现象**，值 a 就是**门限**.

6.3.2 双稳态和神经元振荡

如果 $I_{\mathrm{a}} = 0$ 且 b/γ 很小，那么系统 (6.11) 会有三个定态，而且很容易验证它们分别是稳定 (原点)、不稳定和稳定的 (见习题). 所以系统 (6.11) 具有双稳态. 但是，如果 I_{a} 非零，那么也会出现唯一不稳定不动点的情况. 在这种情况下，就会出现电化学振荡. 在神经生物学中，这称为连续的神经元发放 (图 6.8(A)).

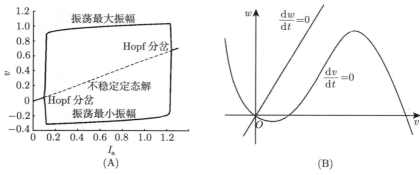

图 6.8　FN 模型相图

很多情况下，比如当 b 和 γ 很小的时候，我们可以通过调整时间变量将 FN 模型写成

$$\varepsilon\frac{\mathrm{d}v}{\mathrm{d}t} = f(v) - w + I_{\mathrm{a}},$$

$$\frac{\mathrm{d}w}{\mathrm{d}t} = v - \gamma w, \tag{6.12}$$

$$f(v) = v(a - v)(v - 1),$$

其中 $0 < a < 1$, $\varepsilon \ll 1$.

如果取 $\alpha = 0.1$, $\gamma = 0.5$, $\varepsilon = 0.01$ 和 $I_{\mathrm{a}} = 0.5$，则该模型只有一个不稳定不动点和一个稳定极限环，见图 6.8(A).

6.3.3　推广的 FitzHugh-Nagumo 模型

推广的 FN 模型如下：

$$\varepsilon\frac{\mathrm{d}v}{\mathrm{d}t} = f(v, w),$$

$$\frac{\mathrm{d}w}{\mathrm{d}t} = g(v, w),$$

其中 $f(v, w)$ 是 S 形的.

对于推广的 FN 模型，其相图分析与 HH 模型快–慢相平面的分析类似 (图 6.8(B)).

§6.4 神经网络和 Hopfield 以内容设定地址的存储模型

6.4.1 Hopfield 离散网络

在 1982 年, 加州理工大学的 John Hopfield 教授利用布尔网络模型来刻画神经元网络的动力学, 这可以说是人工智能领域的开山之作.

John Hopfield 把每个神经元的状态 X^i $(i = 1, 2, \cdots, N)$ 简单地用 -1 和 1 来表示, 其中 N 是总的神经元数目. 布尔网络模型可以分成两类:

第 1 类 (同步的): 设第 n 步的状态为 $\boldsymbol{X}_n = (X_n^1, X_n^2, \cdots, X_n^N)$, 则动力学模型为

$$X_{n+1}^i = \text{sign}^{①} \left(\sum_{j=1}^N T_{ij} X_n^j - U_i \right), \quad \sum_{j=1}^N T_{ij} X_n^j \neq U_i, \qquad (6.13)$$

且如果 $\sum_{j=1}^N T_{ij} X_n^j = U_i$, 那么 X_{n+1}^i 就以各 $\frac{1}{2}$ 的概率选择 1 和 -1. 事先给定的 U_i $(i = 1, 2, \cdots, N)$ 称为第 i 个节点的域值.

第 2 类 (异步的): 每个节点按照某种给定的或者随机的序列一个接一个地更新, 如果前一个状态 $\boldsymbol{\sigma} = (\sigma_1, \sigma_2, \cdots, \sigma_N)$ 满足 $\sum_{j=1}^N T_{ij} \sigma_j > U_i$, 那么 σ_i 就变成 1; 如果满足 $\sum_{j=1}^N T_{ij} \sigma_j < U_i$, 那么 σ_i 就变为 -1; 如果满足 $\sum_{j=1}^N T_{ij} \sigma_j = U_i$, 那么 σ_i 就以各 $\frac{1}{2}$ 的概率选择 1 和 -1.

6.4.2 Hopfield 连续网络

在 1984 年, John Hopfield 又把布尔网络模型推广到了连续变量的情形.

---

① 函数 $\text{sign}(x) = \begin{cases} 1, & x > 0, \\ 0, & x = 0, \\ -1, & x < 0. \end{cases}$

现在让我们考虑一个神经网络系统，每一个神经元都有细胞膜电势 v_i $(i = 1, 2, \cdots, N)$，其动力学模型是

$$C_i \frac{\mathrm{d}v_i}{\mathrm{d}t} = -\frac{v_i}{r_i} + \sum_{j \neq i} T_{ij} g_j(v_j) + I_i, \tag{6.14}$$

其中 C_i 是第 i 个神经元细胞膜的电容，r_i 是第 i 个神经元的膜电势的渗漏弛豫值，I_i 为第 i 个神经元的外加电流，T_{ij} 为第 i 个神经元的树突和第 j 个神经元的轴突的"连接强度"，而 $g_j(v)$ 是第 j 个神经元的输出电信号，即其轴突的活性. $g_j(x)$ 常常会具有 $\tanh x$ 的形状.

让我们在假设 $T_{ij} = T_{ji}$ 下来考虑这样一个常微分方程系统的有趣行为. 考虑如下的量：

$$E(v_i) = -\frac{1}{2} \sum_{i \neq j} T_{ij} g_i(v_i) g_j(v_j) + \sum_i \frac{1}{r_i} \int_0^{g_i(v_i)} g_i^{-1}(u) \mathrm{d}u - \sum_i I_i g_i(v_i).$$
$$\tag{6.15}$$

我们有

$$\frac{\mathrm{d}E}{\mathrm{d}t} = \sum_i \frac{\partial E}{\partial v_i} \frac{\mathrm{d}v_i}{\mathrm{d}t} = \sum_i \left(-\sum_{j \neq i} T_{ij} g_j(v_j) + \frac{v_i}{r_i} - I_i \right) \frac{\mathrm{d}g_i(v_i)}{\mathrm{d}v_i} \frac{\mathrm{d}v_i}{\mathrm{d}t}$$
$$= -\sum_i C_i \frac{\mathrm{d}g_i(v_i)}{\mathrm{d}v_i} \left(\frac{\mathrm{d}v_i}{\mathrm{d}t} \right)^2 \leqslant 0,$$

因为 $g_i(u)$ 是单调递增函数.

所以，该动力系统具有一个"能量函数"，系统会走向此函数的最小值. 那么这个结果又和神经网络和大脑有什么关系呢? John Hopfield 提出这会帮助我们理解大脑的神经网络是怎么工作的. 这就是以内容设定地址的存储 (Content Addressable Memory, CAM) 模型概念的源头：如果初始状态距离某个存储了信息的状态很近，那么通过一个动力系统的演化就可以最终到达这个存储了信息的状态. 对比图书馆的存储，都是用"index"的方法，而 CAM 则用了动力学的思想. (思考：对于 John Hopfield 1982 年的布尔网络模型，能量函数应该是什么样的?)

这也就在工程上提出了一个新奇的方法来设计电学系统以储存信息. 这就好像是"设计一个微分方程系统"，而不是仅仅求解它. 模型

(6.14) 并没有考虑神经元的兴奋性. 把该性质加入到神经网络模型中已经成为计算神经科学一个很活跃的领域.

神经网络的研究在 20 世纪八九十年代掀起了一个高潮, 不过到了 21 世纪初已经渐渐低落; 但从几年前开始, 神经网络理论和数值方法又取得了巨大的突破, 并成为大数据人工智能领域最炙手可热的领域之一.

习　　题

1. 设有动力系统

$$\frac{\mathrm{d}v}{\mathrm{d}t} = f(v) - w + I_{\mathrm{a}},$$

$$\frac{\mathrm{d}w}{\mathrm{d}t} = bv - \gamma w,$$

其中 $f(v) = v(a - v)(v - 1)$, $0 < a < 1$. 如果 $I_{\mathrm{a}} = 0$ 且 b/γ 很小, 证明: 该系统会有三个定态, 分别为稳定 (原点)、不稳定和稳定的.

2. 考虑一个平面常微分方程系统:

$$\frac{\mathrm{d}v}{\mathrm{d}t} = f(v) - w + I_{\mathrm{a}},$$

$$\frac{\mathrm{d}w}{\mathrm{d}t} = bv - \gamma w,$$

$$f(v) = v(a - v)(v - 1).$$

设 $I_{\mathrm{a}} = 0, a = 0.25, b = \gamma = 2 \times 10^{-3}$.

(1) 画出 (v, w) 平面上的零点集, 标出不同区域速度向量场的方向. 其中一个零点集有一个极小值和一个极大值, 求出极小值和极大值处的 (v, w) 坐标.

(2) 随着 I_{a} 变大, 系统定态会在 I_1 和 I_2 处改变, 求出上述给定参数下的 I_1, I_2 值.

*(3) 选择一些数值 I_{a} $(I_1 < I_{\mathrm{a}} < I_2)$, 画出该系统的轨道随时间的变化图 (积分曲线).

3. 证明: 推广的 FN 模型在 $f_v(v*, w*) = -\varepsilon g_w(v*, w*)$ 时出现 Hopf 分岔，其中假设

$$f_v(v*, w*)g_w(v*, w*) - g_v(v*, w*)f_w(v*, w*) > 0.$$

*4. Morris 和 Lecar (1981) 提出了下述藤壶肌肉纤维膜电势的双变量模型 (Morris-Lecar 模型):

$$C_m \frac{\mathrm{d}v}{\mathrm{d}t} + I_{\text{ion}}(v, W) = I_{\text{a}}, \tag{6.16}$$

$$\frac{\mathrm{d}W}{\mathrm{d}t} = \phi \Lambda(v)(W_\infty(v) - W), \tag{6.17}$$

其中 v 是膜电势，W 是 K^+ 通道打开比例，t 是时间，C_m 是膜电容，I_{a} 是外加电流，ϕ 是关闭 K^+ 通道的最大速率，而

$$I_{\text{ion}}(v, W) = g_{\text{Ca}} M_\infty(v)(v - v_{\text{Ca}}) + g_{\text{K}} W(v - v_{\text{K}}) + g_{\text{L}}(v - v_{\text{L}}), \tag{6.18}$$

$$M_\infty(v) = \frac{1}{2}\left(1 + \tanh\frac{v - v_1}{v_2}\right), \tag{6.19}$$

$$W_\infty(v) = \frac{1}{2}\left(1 + \tanh\frac{v - v_3}{v_4}\right), \tag{6.20}$$

$$\Lambda(v) = \cosh\frac{v - v_3}{2v_4}. \tag{6.21}$$

一组典型参数见表 6.1.

(1) 画出 Morris-Lecar 模型对应的粗略相图，并画出零点集和一些典型的轨迹线，说明此模型有激发性.

(2) Morris-Lecar 模型是否能解释阳极激发现象 (阳极激发现象的定义参见文献 [5] 中第五章的作业 5.7)? 如果不能，简要说明原因.

表 6.1 Morris-Lecar 模型典型参数值

$C_m = 20 \ \mu\text{F/cm}^2$	$I_{\text{a}} = 0.06 \ \text{mA/cm}^2$
$g_{\text{Ca}} = 4.4 \ \text{mS/cm}^2$	$g_{\text{K}} = 8 \ \text{mS/cm}^2$
$g_{\text{L}} = 2 \ \text{mS/cm}^2$	$\phi = 0.04 \ (\text{ms})^{-1}$
$v_1 = -1.2 \ \text{mV}$	$v_2 = 18 \ \text{mV}$
$v_3 = 2 \ \text{mV}$	$v_4 = 30 \ \text{mV}$
$v_{\text{Ca}} = 120 \ \text{mV}$	$v_{\text{K}} = -84 \ \text{mV}$
$v_{\text{L}} = -60 \ \text{mV}$	

*5. Pushchino 模型是一个实分段线性的 FN 模型, 可以对心室的动作电位建模:

$$f(v,w) = F(v) - w, \qquad (6.22)$$

$$g(v,w) = \frac{1}{\tau(v)}(v - w), \qquad (6.23)$$

其中

$$F(v) = \begin{cases} -30v, & v < v_1, \\ \gamma v - 0.12, & v_1 < v < v_2, \\ -30(v-1), & v > v_2, \end{cases} \qquad (6.24)$$

$$\tau(v) = \begin{cases} 2, & v < v_1, \\ 16.6, & v > v_1, \end{cases} \qquad (6.25)$$

这里 $v_1 = 0.12/(30+\gamma)$, $v_2 = 30.12/(30+\gamma)$. 试对这个模型的动作电位过程进行模拟. 改变 $\tau(v)$ 对动作电位有什么影响? (提示: 对 γ 要分情况讨论, 比如 $\gamma = 1$ 或 6 情况是不同的.)

*6. 输入一些参数, 数值求解 HH 模型. 参数在什么范围内会出现周期振荡? 画出分岔图.

第七章 生物化学振荡与钙动力学

振荡现象不仅仅在神经元细胞的动作电位上出现，在化学反应的浓度动力学里同样很常见.

§7.1 生物化学振荡和 Hopf 分岔

在很长的一段时间内，化学界认为化学反应只可能有一个稳定的定态 (在闭系统内必须是如此，已在第二章证明). 而我们前面章节的讨论已经表明开化学系统可以具有非常复杂的动力学行为，比如双稳态. 实际上，在 20 世纪五六十年代，俄罗斯科学家 Belousov 和 Zhabotinskii 发现了一个振荡的化学反应系统: 在稀释的硫酸 (H_2SO_4) 中混合着溴酸钾 ($KBrO_3$)、硫酸铈 ($Ce(SO_4)_2$)、丙二酸 ($CH_2(COOH)_2$) 和柠檬酸 ($C_6H_8O_7$). 这项发现现在称为 Belousov-Zhabotinskii (BZ) 反应 (图 7.1)，而且其数理理论的建立是化学反应动力学的一场革命，直接导致了活细胞体内复杂化学反应动力学过程的建模与非平衡态热力学的快速发展.

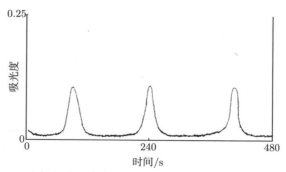

图 7.1 BZ 反应实验. 来自文献: Omar Benini, Rinaldo Cervellati, Pasquale Fetto. The BZ reaction: experimental and model studies in the physical chemistry laboratory. Journal of American Chemical Society, 1996, 73(9): 865–868

我们这里考虑稍简单的 Schnakenberg 模型:

$$A \underset{k_{-1}}{\overset{k_1}{\rightleftharpoons}} X, \quad B \underset{k_{-2}}{\overset{k_2}{\rightleftharpoons}} Y, \quad 2X + Y \underset{k_{-3}}{\overset{k_3}{\rightleftharpoons}} 3X.$$

如果该系统是处于闭系统的化学平衡态, 即每个化学反应的正向和逆向流均相等, 则我们有

$$k_1[A]^{\text{eq}} = k_{-1}[X]^{\text{eq}}, \quad k_2[B]^{\text{eq}} = k_{-2}[Y]^{\text{eq}},$$
$$k_3\left([X]^{\text{eq}}\right)^2[Y]^{\text{eq}} = k_{-3}\left([X]^{\text{eq}}\right)^3,$$

从而

$$[A]^{\text{eq}} : [X]^{\text{eq}} : [Y]^{\text{eq}} : [B]^{\text{eq}} = 1 : \frac{k_1}{k_{-1}} : \frac{k_1 k_{-3}}{k_{-1} k_3} : \frac{k_1 k_{-3} k_{-2}}{k_{-1} k_3 k_2}.$$

再根据闭系统中的原子守恒, 能计算出唯一的不动点. 在第二章中, 我们已经证明了该不动点是全局稳定的, 因此该系统没有化学振荡 (周期解) 的可能性.

但是, 如果让物质 A 和 B 的浓度固定, 而 c_X 和 c_Y 为变量, 那么这将是一个开放的化学反应系统.

c_A 和 c_B 是常数, 并且为了简单起见, 我们也假设 k_{-2} 和 k_{-3} 很小, 于是有

$$\frac{\mathrm{d}c_X}{\mathrm{d}t} = k_1 c_A - k_{-1} c_X + k_3 c_X^2 c_Y, \tag{7.1a}$$

$$\frac{\mathrm{d}c_Y}{\mathrm{d}t} = k_2 c_B - k_3 c_X^2 c_Y. \tag{7.1b}$$

作无量纲化处理, 令

$$u = \sqrt{k_3/k_{-1}}\, c_X, \quad v = \sqrt{k_3/k_{-1}}\, c_Y, \quad \tau = k_{-1} t, \tag{7.2}$$

$$a = \sqrt{k_1^2 k_3/k_{-1}^3}\, c_A, \quad b = \sqrt{k_2^2 k_3/k_{-1}^3}\, c_B, \tag{7.3}$$

于是我们有

$$\frac{\mathrm{d}u}{\mathrm{d}\tau} = a - u + u^2 v = f(u, v), \tag{7.4}$$

$$\frac{\mathrm{d}v}{\mathrm{d}\tau} = b - u^2 v = g(u, v), \tag{7.5}$$

其唯一定态 (满足方程组 $f(u^{ss}, v^{ss}) = 0, g(u^{ss}, v^{ss}) = 0$) 是

$$u^{ss} = a + b, \quad v^{ss} = b/(a + b)^2. \tag{7.6}$$

线性化之后得到雅可比矩阵 $\boldsymbol{A}$ (见习题) 为

$$\boldsymbol{A} = \begin{pmatrix} \dfrac{b-a}{a+b} & (a+b)^2 \\[2ex] -\dfrac{2b}{a+b} & -(a+b)^2 \end{pmatrix}, \tag{7.7}$$

且有

$$\operatorname{tr}(\boldsymbol{A}) = \frac{b-a}{a+b} - (a+b)^2, \quad \det(\boldsymbol{A}) = (a+b)^2 > 0. \tag{7.8}$$

如果两个特征值都是实数,那么它们一定是同号的,且无零根. 如果两个特征值是复数,那么不动点是稳定的当且仅当 $\operatorname{tr}(\boldsymbol{A}) < 0$. 因此分岔就发生在 $\operatorname{tr}(\boldsymbol{A}) = 0$ 时. 而当 $\operatorname{tr}(\boldsymbol{A}) = 0$ 时, $\operatorname{tr}(\boldsymbol{A})^2 - 4\det(\boldsymbol{A}) < 0$, 因此两个特征值都是虚的. 所以, 在 $\operatorname{tr}(\boldsymbol{A})$ 比零稍微大一点点时, 不稳定不动点的附近会出现一个稳定的极限环, 也就是周期解. 这是典型的 Hopf 分岔.

但是, 随着 $\operatorname{tr}(\boldsymbol{A})$ 越来越大, $\operatorname{tr}(\boldsymbol{A}) > 0$ 时一定都会有极限环吗? 根据 Poincaré-Bendixson 定理, 对于二维自治动力系统, 如果能找到一个包含该唯一不稳定不动点的边界集合, 其边界上的向量场 (即常微分方程右端所定义的速度向量) 的方向都是朝内的, 则会存在极限环. 这一条件在我们这个模型中是满足的, 于是我们找到了极限环存在的条件:

$$\operatorname{tr}(\boldsymbol{A}) > 0 \iff b - a > (a+b)^3. \tag{7.9}$$

这就给出了参数空间的范围.

§7.2 钙动力学基本生物知识

钙离子 Ca^{2+} 是一种非常重要的生物信号分子,它参与调控包括肌肉收缩、心脏节律、神经递质传导在内的众多生理过程. 因此,细胞

调控 Ca^{2+} 浓度的机制在细胞生理学中处于核心的地位: 过低的 Ca^{2+} 浓度无法完成必要的功能; 而过高的 Ca^{2+} 浓度可能会产生细胞毒性 (如引发细胞凋亡). 细胞内在不同的层次上有一系列 Ca^{2+} 的调控机制, 一方面使得在需要 Ca^{2+} 的生命活动中得到必要的浓度, 另一方面也要保证不在错误的时间和地点产生过高的 Ca^{2+} 浓度.

脊椎动物的血液中 Ca^{2+} 浓度约为 1 mmol/L, 远高于细胞质中的 Ca^{2+} 浓度 (1 μmol/L), 使得细胞膜内外存在较大的 Ca^{2+} 浓度梯度. 这种现象使得细胞内的 Ca^{2+} 浓度可以迅速地发生较大的变化, 提高信号传导效率, 但是细胞也需要付出能量来维持细胞内的低 Ca^{2+} 浓度.

为了调节细胞内的 Ca^{2+} 浓度, 细胞需要 Ca^{2+} 进出细胞质 (图 7.2). 其中 Ca^{2+} 离开细胞质有两种主要的途径: 第一种途径是经由细胞膜被泵出细胞; 另一种途径是被吸收进细胞内的膜细胞器, 比如线粒体 (mitochondria)、内质网 (endoplasmic reticulum, ER) 或者肌质网等. 因为细胞质内的 Ca^{2+} 浓度远低于细胞外的 Ca^{2+} 浓度和内部膜细胞器中的 Ca^{2+} 浓度, 所以这两种方式都需要消耗能量, 其中有一些是耦合了 ATP 的水解, 利用的是 ATP 水解的能量, 还有一些是 Na^{2+}-Ca^{2+} 交换的机制, 消耗的是钠离子细胞内外的电化学能差.

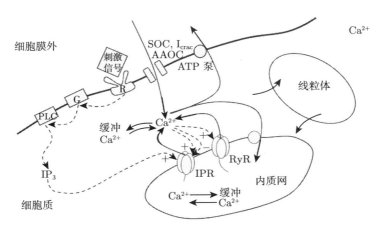

图 7.2 细胞钙动力学

Ca^{2+} 进入细胞质也有两种主要的途径:一是从细胞外经过细胞膜钙离子通道. 细胞膜钙离子通道主要有电压控制的、载体运输的、第二信使协助的、力学调控的等等. 二是从细胞内的膜细胞器 (如 ER) 中释放出来. 这一种途径主要有两条钙离子通道:RyR (Ryanodine Receptor) 和 IPR (IP$_3$ Receptor). 前者的特殊效果是少量的 Ca^{2+} 通过电压控制的钙离子通道进入心脏细胞,会使得从肌质网中释放出大量的 Ca^{2+}. 而后者虽然和前者的结构类似,主要是对于第二信使 IP$_3$ 敏感,同时也受到细胞质内 Ca^{2+} 浓度的调节. 此外,细胞质内存在一些蛋白质,结合了 99% 的细胞质 Ca^{2+},起到了缓冲 Ca^{2+} 浓度的功能. 胞内膜细胞器内的 Ca^{2+} 也受到类似的缓冲调节.

§7.3 钙离子振荡

Ca^{2+} 浓度具有复杂的动力学行为,例如钙离子振荡 (oscillation) (图 7.3),这些性质使钙动力学受到了许多生物数学家的关注. 依据产生的机制,钙离子振荡可以粗略地分为两类:一类是由于细胞膜电位差的周期性涨落,使得通过电压控制的离子通道周期性开放而产生的;另一类是在细胞膜电位差恒定的情况下产生的. 我们主要分析后者.

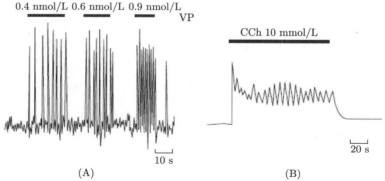

图 7.3 钙离子振荡:(A) 肝细胞受到血管升压素 (VP) 刺激;(B) 大鼠腮腺细胞受到碳酰胆碱 (CCh) 刺激. 来自文献:Berridge, Galione. Cytosolic calcium oscillators. FASEB J, 1988, 2: 3074–3082

钙离子振荡参与许多细胞过程的调节，包括轴突生长、细胞迁移、基因表达调控、肌肉发育以及细胞因子的释放. 至于钙离子振荡的优点，一般认为，钙离子振荡是一种频率编码的信号 (类似动作电位)；同时，这种振荡行为可以避免 Ca^{2+} 浓度长时间处于较高的水平，防止高钙浓度损伤细胞.

钙离子振荡受到许多因素的调节，包括受体蛋白、G 蛋白、离子通道、缓冲蛋白、离子泵、离子交换等. 对于不同的细胞类型，调节机制也不尽相同，如此复杂的系统使得我们无法建立一个单一的可以解释一切关于钙离子振荡现象的模型. 尽管如此，大多数的模型都有许多共通之处，本章将介绍其中的几种模型，以期有举一反三的功效.

7.3.1 两个库的模型

两个库的 (Two-Pool) 模型是一个早期的模型，虽然现在看起来，此模型的假设有些牵强，但是还是很值得学习的，可以了解一下在实验结果还很粗糙的时候数学模型是如何建立的 (图 7.4). 该模型最重要的目的就是解释所谓的 Ca^{2+} 引起的 Ca^{2+} 释放 (Ca^{2+}-Induced Ca^{2+} Release, CICR) 机制是否可以在某些 [IP_3] 值下引起钙离子振荡现象.

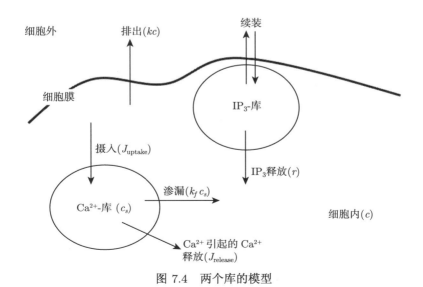

图 7.4 两个库的模型

用 c 表示细胞质内的 Ca^{2+} 浓度, c_s 表示某个对于 Ca^{2+} 浓度敏感的库中的 Ca^{2+} 浓度. 假设 IP_3 引起了一个恒定的 Ca^{2+} 输入, 速率为 r, 而 Ca^{2+} 被泵出细胞质的速率是 $-kc$, 那么得**两个库的模型**

$$\frac{\mathrm{d}c}{\mathrm{d}\tau} = r - kc - \tilde{f}(c, c_s),$$

$$\frac{\mathrm{d}c_s}{\mathrm{d}\tau} = \tilde{f}(c, c_s), \tag{7.10}$$

$$\tilde{f}(c, c_s) = J_{\text{uptake}} - J_{\text{release}} - k_f c_s,$$

其中

$$J_{\text{uptake}} = \frac{V_1 c^n}{K_1^n + c^n}, \quad J_{\text{release}} = \left(\frac{V_2 c_s^m}{K_2^m + c_s^m}\right)\left(\frac{c^p}{K_3^p + c^p}\right),$$

这里 $k_f, V_1, V_2, K_1, K_2, K_3, m, n, p$ 为参数.

我们发现 J_{release} 随着细胞质内 Ca^{2+} 浓度 c 的增长而增长, 这就是所谓的 **CICR 机制**, 它是两个库的模型中最关键的反馈机制. (思考: 正反馈还是负反馈?) 该模型中, r 被看成常数, 为调控参数.

为了简单起见, 我们将上述方程无量纲化. 令 $u = c/K_1$, $t = \tau k$, $v = c_s/K_2$, $\alpha = K_3/K_1$, $\beta = V_1/V_2$, $\gamma = K_2/K_1$, $\delta = k_f K_2/V_2$, $\mu = r/(kK_1)$ 和 $\varepsilon = kK_2/V_2$, 得到

$$\frac{\mathrm{d}u}{\mathrm{d}t} = \mu - u - \frac{\gamma}{\varepsilon} f(u, v),$$

$$\frac{\mathrm{d}v}{\mathrm{d}t} = \frac{1}{\varepsilon} f(u, v), \tag{7.11}$$

$$f(u, v) = \beta \frac{u^n}{u^n + 1} - \frac{v^m}{v^m + 1} \frac{u^p}{\alpha^p + u^p} - \delta v.$$

7.3.2 兴奋性 (可激发性) 和振荡

两个库的模型可以纳入 FN 模型的范畴. 如果令 $w = u + \gamma v$, 那么有

$$\frac{\mathrm{d}w}{\mathrm{d}t} = \mu - (w - \gamma v),$$

$$\frac{\mathrm{d}v}{\mathrm{d}t} = \frac{1}{\varepsilon} f(w - \gamma v, v) \triangleq \frac{1}{\varepsilon} F(w, v). \tag{7.12}$$

这样的系统有两个零点集: 一个是 N 形的; 另一个是直线 (图 7.5(A)). 有关 FN 模型的分析同样适用, 可以得到该模型也有兴奋性和振荡行为 (Hopf 分岔).

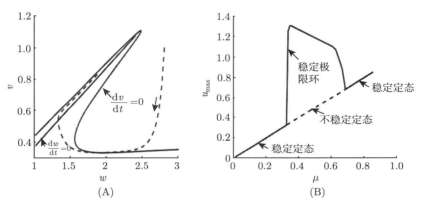

图 7.5 两个库的模型的相图和分岔图

该模型的定态由

$$u_0 = \mu, \quad f(\mu, v_0) = 0$$

确定, 且其稳定性由特征方程

$$\lambda^2 + H\lambda - \frac{f_v}{\varepsilon} = 0$$

的根来确定 (见习题), 其中

$$H = \frac{\gamma f_u(u_0, v_0)}{\varepsilon} - \frac{f_v(u_0, v_0)}{\varepsilon} + 1.$$

因为 $f_v < 0$, ε 足够小, 所以特征值都是复数, 而且 $H > 0$ 时有负的实部 (稳定), 而 $H < 0$ 时有正的实部. 因此, $H = 0$ 时是 Hopf 分岔的分岔点, 而且有两个. 图 7.5(B) 是模拟后画出的稳定不动点值或稳定的极限环最大值 $u_{\max}$ 随参数 μ 的变化.

§7.4 钙释放的具体机制

7.4.1 IP$_3$ 受体

近些年的实验现象说明钙离子的动力学是非常复杂的，两个库的模型并没有考虑如 IP$_3$ 受体通道蛋白等的具体性质. 具体结合 IP$_3$ 受体通道蛋白结构性质的一个著名的早期模型是 De Young 和 Keizer 1992 年的工作. 他们假设 IP$_3$ 有三个结合位点，其中一个结合 IP$_3$，另两个结合钙离子. 该钙离子通道打开，当且仅当 IP$_3$ 结合位点 1，钙离子结合位点 2，但是没有结合位点 3，因为钙离子结合位点 2 会起到激发作用，而结合位点 3 则起到抑制作用.

通过测量定态时 IP$_3$ 受体通道蛋白的打开比例随着 IP$_3$ 浓度以及细胞质内钙离子浓度的变化，人们发现得到的曲线呈现钟形 (图 7.6). 这意味着抑制位点的钙离子结合强度比激发位点的钙离子结合强度要低，因此在钙离子浓度不太高的时候，钙离子优先会选择激发位点.

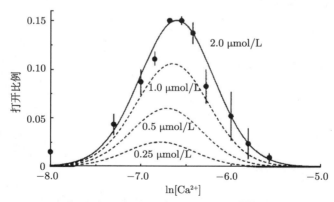

图 7.6 IP$_3$ 受体通道蛋白打开的概率. 实验数据来自文献: Bezprozvanny I, Watras J, Ehrlich B E. Bell-shaped calcium-response curves of Ins(1,4,5) P$_3$ and calcium-gated channels from endoplasmic reticulum of cerebellum. Nature, 1991, 351: 751–754. 而拟合曲线来自文献: De Young G W, Keizer J. A single pool IP$_3$-receptor based model for agonist stimulated Ca^{2+} oscillations. PNAS, 1992, 89: 9895–9899

因此, 我们可以用 S_{ijk} 来描述 IP_3 受体通道蛋白的状态, 其中 i, j, k 等于 0 或 1, 0 表示该位点没被占, 1 表示该位点被占 (图 7.7); 用 x_{ijk} 表示 S_{ijk} 所占比例. 实验数据告诉我们, 第三个位点 (即钙离子的抑制位点) 的结合和解离速率 (即 k_2, k_{-2}, k_4, k_{-4}) 比前两个位点的结合和解离速率慢得多.

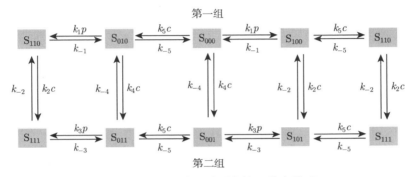

图 7.7 IP_3 受体通道蛋白的 8 状态模型

于是, 我们可以适当简化 IP_3 受体通道蛋白的状态: 设 $y = x_{001} + x_{011} + x_{101} + x_{111}$ 为抑制位点结合了钙离子的概率, 是慢变量, 而其他两个位点的结合处于拟稳态, 可简化得到

$$\frac{dy}{dt} = \frac{(k_{-4}K_1K_2 + k_{-2}pK_4)c}{K_4K_2(p + K_1)}(1 - y) - \frac{k_{-2}p + k_{-4}K_3}{p + K_3}y,$$

其中 $p = [IP_3]$, $c = [Ca^{2+}]$, $K_i = k_{-i}/k_i$ $(i = 1, 2, 3, 4)$. IP_3 受体通道蛋白打开的概率即

$$x_{110} = \frac{pc(1 - y)}{(p + K_1)(c + K_5)}.$$

我们假设这是个闭细胞, 即细胞质和细胞外没有钙离子之间的交换, 因此 $c_s + \gamma c = c_t$ 是常数, 其中 γ 是细胞质和膜细胞器 (如 ER) 的体积比, c_s 是细胞器内的钙离子浓度. 于是我们只需要考虑 c 的变化即可:

$$\frac{dc}{dt} = (k_f P_O + J_{er})(c_s - c) + J_{\text{pump}},$$

其中 J_{er} 是参数，$J_{\text{pump}} = \dfrac{V_{\text{p}} c^2}{K_{\text{p}}^2 + c^2}$ ($V_{\text{p}}, K_{\text{p}}$ 为参数)，$P_O = x_{110}^3$ (这个三次方是为了和实验数据比较所选择的最简洁形式). 至此，我们就建立了一个单个库的钙离子动力学模型，变量为 c 和 y.

这种慢变量与快变量的结合是很多生理学模型共同的特点. 该模型产生的振荡行为和以往的模型差不多，对该模型的分析非常类似于 HH 模型中的快–慢相平面分析 (图 7.8).

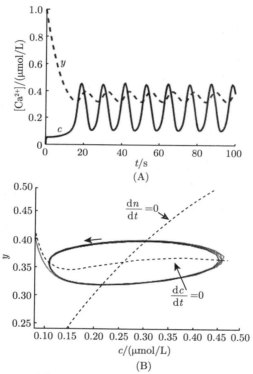

图 7.8 IP$_3$ 受体通道蛋白引起的相图和振荡 ($p=0.5$). 参数: $V_{\text{p}} = 0.9$ (µmol/L) $\cdot$ s^{-1}, $K_{\text{p}} = 0.1$ s, $k_f = 1.11$ s^{-1}, $\gamma = 5.5$, $J_{er} = 0.02$ s^{-1}, $c_t = 2$ µmol/L, $k_1 = 400$ (µmol/L)$^{-1} \cdot$ s^{-1}, $k_{-1} = 52$ s^{-1}, $k_2 = 0.2$ (µmol/L)$^{-1} \cdot$ s^{-1}, $k_{-2} = 0.21$ s^{-1}, $k_3 = 400$ (µmol/L)$^{-1} \cdot$ s^{-1}, $k_{-3} = 377.2$ s^{-1}, $k_4 = 0.2$ (µmol/L)$^{-1} \cdot$ s^{-1}, $k_{-4} = 0.029$ s^{-1}, $k_5 = 20$ (µmol/L)$^{-1} \cdot$ s^{-1}, $k_{-5} = 1.64$ s^{-1}

7.4.2 Ryanodine 受体

牛蛙交感神经元细胞在受到咖啡因刺激下，会引起稳健的钙离子振荡现象，这是由于细胞内的另一个钙离子通道蛋白 RyR (之所以这么命名就是因为该通道对于 Ryanodine 敏感) 的作用. 对应于该受体的一个非常简单的 CICR 模型是由 Friel (1995) 提出的 (图 7.9(A))，该模型对于钙离子振荡现象给出了很理想的定量描述，它和两个库的模型很像.

我们先给出一个线性模型，然后通过数值拟合细胞在小扰动下的反应来确定动力学参数. 设

$$\frac{\mathrm{d}c}{\mathrm{d}t} = J_{L1} - J_{P1} + J_{L2} - J_{P2},$$

$$\frac{\mathrm{d}c_s}{\mathrm{d}t} = -J_{L2} + J_{P2},$$

其中

$$J_{L1} = k_1(c_e - c), \quad J_{P1} = k_2 c, \quad J_{L2} = k_3(c_s - c), \quad J_{P2} = k_4 c.$$

为了描述钙离子振荡，我们令

$$k_3 = \kappa_1 + \frac{\kappa_2 c^n}{K_d^n + c^n},$$

其中 κ_1, κ_2, K_d 为参数.

通过拟合数据得到参数的值，于是可以得到图 7.9(B). 该模型的预测也与实验数据吻合得很好，有兴趣的读者可以自己试着推导分析一下.

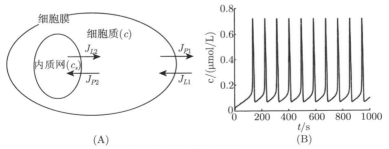

图 7.9 RyR 引起的分岔图和振荡. 参数：$c_e = 1$ mmol/L, $k_1 = 2 \times 10^{-5}$ s^{-1}, $k_2 = 0.13$ s^{-1}, $k_4 = 0.9$ s^{-1}, $K_d = 0.5$ μmol/L, $n = 3$, $\kappa_1 = 0.013$ s^{-1}, $\kappa_2 = 0.58$s^{-1}, $\gamma = 4.17$

阅读材料

[1] De Young G W, Keizer J. A single pool IP$_3$-receptor based model for agonist stimulated Ca^{2+} oscillations. PNAS, 1992, 89: 9895–9899.

[2] Friel D. [Ca^{2+}]$_i$ oscillations in sympathetic neurons: an experimental test of a theoretical model. Biophys J, 1995, 68: 1752–1766.

习 题

1. 对于微分方程组

$$\frac{\mathrm{d}u}{\mathrm{d}\tau} = a - u + u^2 v = f(u, v),$$

$$\frac{\mathrm{d}v}{\mathrm{d}\tau} = b - u^2 v = g(u, v),$$

求出其唯一定态解为

$$u^{\mathrm{ss}} = a + b, \quad v^{\mathrm{ss}} = b/(a+b)^2.$$

证明: 线性化之后的雅可比矩阵为

$$\boldsymbol{A} = \begin{pmatrix} \dfrac{b-a}{a+b} & (a+b)^2 \\ -\dfrac{2b}{a+b} & -(a+b)^2 \end{pmatrix}.$$

2. 证明: 微分方程组

$$\frac{\mathrm{d}w}{\mathrm{d}t} = \mu - (w - \gamma v),$$

$$\frac{\mathrm{d}v}{\mathrm{d}t} = \frac{1}{\varepsilon} f(w - \gamma v, v) \triangleq \frac{1}{\varepsilon} F(w, v) \tag{7.13}$$

不动点 (w_0, v_0) 的稳定性由特征方程

$$\lambda^2 + H\lambda - \frac{f_v}{\varepsilon} = 0$$

的根来确定, 其中

$$H = \frac{\gamma f_u(u_0, v_0)}{\varepsilon} - \frac{f_v(u_0, v_0)}{\varepsilon} + 1, \quad u_0 = w_0 - \gamma v_0.$$

3. 考虑一个有反馈的 Goodwin 模型:

$$\frac{\mathrm{d}u_1}{\mathrm{d}t} = f(u_n) - k_1 u_1,$$

$$\frac{\mathrm{d}u_r}{\mathrm{d}t} = u_{r-1} - k_r u_r \quad (r = 2, 3, \cdots, n),$$

这里反馈函数 $f(u)$ 由下面两个函数给出:

$$\text{(i)} \ f(u) = \frac{a + u^m}{1 + u^m}, \quad \text{(ii)} \ f(u) = \frac{1}{1 + u^m},$$

其中 a, m 为正常数.

(1) 确定反馈函数中的正负反馈性质;

(2) 推导一个系统定态的简化方程;

(3) 说明对 Goodwin 负反馈系统只有一个不动点, 可能稳定也可能不稳定, 对正反馈系统则可能有多个稳定态.

4. 已知布鲁塞尔反应系统

$$\text{A} \xrightarrow{k_1} \text{X}, \quad \text{B} + \text{X} \xrightarrow{k_2} \text{Y} + \text{D}, \quad \text{Y} + 2\text{X} \xrightarrow{k_3} 3\text{X}, \quad \text{X} \xrightarrow{k_4} \text{E},$$

其中 k 是速率常数, 反应物 A 和 B 的浓度保持为常数.

(1) 根据质量作用定律写出 X 和 Y 浓度的微分方程;

(2) 进行无量纲化, 使得 (1) 中得到的微分方程变为

$$\frac{\mathrm{d}u}{\mathrm{d}\tau} = 1 - (b+1)u + au^2 v, \quad \frac{\mathrm{d}v}{\mathrm{d}\tau} = bu - au^2 v,$$

其中 u, v 是 X, Y 对应的无量纲变量, 而

$$\tau = k_4 t, \quad a = k_3(k_1 A)^2 / k_4^3, \quad b = k_2 B / k_4;$$

(3) 确定正稳定态, 证明在 $b = b_c = 1 + a$ 处系统由稳定态变为不稳定态, 且是一个 Hopf 分岔点, 并说明在 $b = b_c$ 处, 极限环的周期为 $2\pi/\sqrt{a}$.

5. Murray (2002) 讨论了一个常见且简单的 CICR 模型: ER 中释放的 Ca^{2+} 速率是 Ca^{2+} 浓度的单增反曲函数, 并且有一个线性的钙离子去除机制, 即

$$\frac{dc}{dt} = L + \frac{k_1 c^2}{K + c^2} - k_2 c,$$

其中 L, K 是参数, 表示钙离子从 ER 渗漏到细胞质的速率.

(1) 无量纲化这个反应方程式, 共有几个无量纲参数?

(2) 证明当 $L = 0, k_1 > 2k_2\sqrt{K}$ 时, 共有两个正的定态, 并说明它们的稳定性.

以下问题均假设 $k_1 > 2k_2\sqrt{K}$.

(3) 当渗漏增加的时候, 零点集 $\frac{dc}{dt} = 0$ 如何变化? 证明存在一个值 L_c, 使得当 $L > L_c$ 时, 该模型只有一个正解存在.

(4) 固定 $L < L_c$ 并假设初始状态在最低的稳定点, 当 c 有一个小的扰动时, c 会怎样变化? 有大扰动时呢? 如果把 L 提高到 L_c 以上再降回到零, c 如何变化? 在 (L, c) 平面中画出分岔图, 标出稳定和不稳定分支. 这个模型是否有滞后现象?

*6. 早期的钙离子振荡模型之一是由 Goldbeter, Dupont 和 Berridge 在 1990 年提出的两个库的模型. 他们假设 IP_3 引起 Ca^{2+} 流入到细胞内, 速率为 r, 并且这个输入引起 IP_3 关联的更多的 Ca^{2+} 从 ER 中释放, 即

$$\frac{dc}{dt} = r - kc - f(c, c_e) \tag{7.14}$$

$$\frac{dc_e}{dt} = f(c, c_e) \tag{7.15}$$

$$f(c, c_e) = J_{\text{uptake}} - J_{\text{release}} - k_f c_e, \tag{7.16}$$

其中

$$J_{\text{uptake}} = \frac{V_1 c^n}{K_1^n + c^n}, \tag{7.17}$$

$$J_{\text{release}} = \frac{V_2 c_e^m}{K_2^m + c_e^m} \frac{c^p}{K_3^p + c^p}. \tag{7.18}$$

这里 $k_f c_e$ 是从 ER 到细胞质的渗漏速率. 典型参数在表 7.1 中给出.

表 7.1　两个库的模型的参数

$k = 10\ \mathrm{s}^{-1}$	$K_1 = 1\ \mathrm{\mu mol/L}$
$K_2 = 2\ \mathrm{\mu mol/L}$	$K_3 = 0.9\ \mathrm{\mu mol/L}$
$V_1 = 65\ \mathrm{(\mu mol/L)\cdot s}^{-1}$	$V_2 = 500\ \mathrm{(\mu mol/L)\cdot s}^{-1}$
$k_f = 1\ \mathrm{s}^{-1}$	$m = 2$
$n = 2$	$p = 4$

(1) 证明: 封闭细胞内 (如一个和细胞外没有交换的细胞) 两个库的模型不能描述钙离子振荡现象.

(2) 系统稳定态和流入速率 r 的关系是什么?

(3) 作出这个模型的分岔图, 选取 r 为分岔参数. 找到 Hopf 分岔点并确定稳定极限环分支. 画出不同 r 值的一些典型极限环.

第八章　中心法则与细胞调控: 操纵子

中心法则是分子生物学和细胞生物学的核心规律 (图 8.1),而且在每个层次上都受到严格的调控 (图 8.2). 原核生物中转录调控的基本单元称为**操纵子**,是启动基因、操纵基因和一系列紧密连锁的结构基因的总称. 启动基因 (也称启动子, promotor) 是 RNA 聚合酶结合并启动转录的特异 DNA 序列. 通常在转录起始点上游 −10 及 −35 附近存在一些相似序列,决定启动基因的转录活性大小. 操纵基因是原核抑制蛋白的结合位点: 当操纵基因结合抑制蛋白时会阻碍 RNA 聚合酶与启动基因的结合,或使 RNA 聚合酶不能沿 DNA 向前移动,从而抑制转录. 原核操纵基因调控序列中还有一种特异 DNA 序列,可结合激活蛋白,从而使转录被激活 (activator). 同时,在基因的调控机制中,反馈机制是非常普遍,也是特别重要的. 这一章我们主要介绍一个负反馈和一个正反馈的例子.

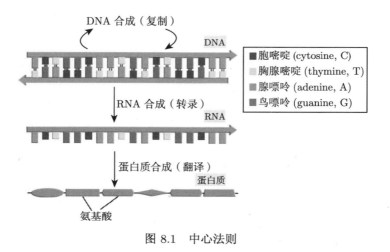

图 8.1　中心法则

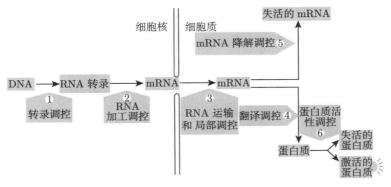

图 8.2 基因调控层次

§8.1 色氨酸操纵子: 负反馈

8.1.1 色氨酸操纵子构成及其功能

色氨酸是生命体内必不可少的氨基酸. 大肠杆菌色氨酸操纵子结构比较简单, 也是被研究得最清楚的操纵子, 它有 5 个结构基因, 用来编码 3 个和色氨酸的合成密切相关的蛋白质 (酶). 结构基因的上游为调控区, 由启动基因、操纵基因和 162bp 的前导序列组成. 色氨酸合成途径比较漫长, 消耗大量能量和前体物, 如丝氨酸, PRPP, 谷氨酰胺等, 是细胞内最昂贵的代谢途径之一, 因此受到严格调控, 其中色氨酸操纵子发挥着关键作用.

色氨酸操纵子转录起始的调控是通过抑制蛋白实现的. 产生抑制蛋白的基因是 trpR, 该基因距色氨酸操纵子很远, 它所表达的抑制蛋白结合于色氨酸操纵基因的特异序列, 阻止转录起始. 但抑制蛋白的 DNA 结合活性又受色氨酸的调控, 色氨酸起着一个效应分子的作用. 在有高浓度色氨酸存在时, 抑制蛋白–色氨酸复合物形成一个同源二聚体, 它与色氨酸操纵子紧密结合, 因此可以阻止转录的进行. 抑制蛋白–色氨酸复合物与基因特异位点结合的能力很强, 因此细胞内抑制蛋白数量仅有 20~30 分子已可充分发挥作用. 当色氨酸水平低时, 抑制蛋白以一种非活性形式存在, 不能结合 DNA. 在这样的条件下, 色氨酸操纵子开启, RNA 聚合酶转录开始, 同时色氨酸生物合成途径被激活. 这是典型的负反馈系统.

8.1.2 色氨酸操纵子数学模型

如图 8.3 所示, 色氨酸操纵子具有三个状态: 自由状态 O_f, 结合了抑制蛋白的抑制状态 O_R 和结合了 RNA 聚合酶的启动状态 O_P. 我们用小写的 o_j (j=f, R, P) 表示色氨酸操纵子在状态 j 的概率 (因为 DNA 是单分子, 所谓概率其实是假想有很多个同样的细胞然后考虑比例). mRNA (信使 RNA) 的生成只能是在操纵子位于启动状态 O_P 时, 那么有

$$\frac{\mathrm{d}M}{\mathrm{d}t} = k_m o_P - k_{-m}M,$$

其中 M 是 mRNA 的浓度, k_m 为转录速率, $k_{-m}M$ 表示 mRNA 的自身降解.

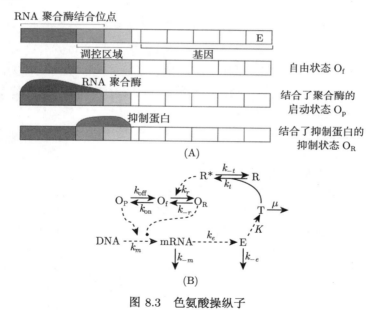

图 8.3 色氨酸操纵子

o_j 本身也满足方程

$$\frac{\mathrm{d}o_P}{\mathrm{d}t} = k_{on}o_f - k_{off}o_P, \qquad \frac{\mathrm{d}o_R}{\mathrm{d}t} = k_r[\mathrm{R}^*]o_f - k_{-r}o_R,$$

还有 $o_P + o_f + o_R = 1$，其中 R^* 表示激活了的抑制蛋白，$k_{on}, k_{off}, k_r, k_{-r}$ 是相应的反应速率. 抑制蛋白 R 的激活需要结合上两个色氨酸分子 T，即 $R + 2T \to R^*$，所以

$$\frac{d[R^*]}{dt} = k_t[T]^2(1 - [R^*]) - k_{-t}[R^*],$$

这里已经经过了归一化，即 $[R] + [R^*] = 1$，R_{tot} 已经进入了参数 k_r，而 k_t, k_{-t} 是反应速率.

色氨酸合成中最重要的酶是 (邻) 氨基苯甲酸盐合酶 E，这是由 mRNA 翻译得来的:

$$\frac{d[E]}{dt} = k_e M - k_{-e}[E],$$

其中 $k_{-e}[E]$ 表示的是酶自身的降解速率.

最后剩下的就是色氨酸的生成，有

$$\frac{d[T]}{dt} = K[E] - \mu[T] - 2\frac{d[R^*]}{dt},$$

其中 μ 是色氨酸的降解率，K 为参数.

计算该模型的定态 (令所有常微分方程右端都等于零)，即解方程

$$F([T]) = \frac{k_e}{k_{-e}}\frac{k_m}{k_{-m}}\frac{k_{on}}{k_{off}}\frac{1}{1 + \frac{k_{on}}{k_{off}} + \frac{k_r[R^*]([T])}{k_{-r}}} = \frac{\mu}{K}[T],$$

其中

$$[R^*]([T]) = \frac{[T]^2}{\frac{k_{-t}}{k_t} + [T]^2}.$$

函数 $F([T])$ 是 $[T]$ 的单调递减函数，所以定态存在且唯一. 而且当 μ/K 增加的时候，定态的色氨酸量会减少，见图 8.4. (思考: 该定态一定是稳定的吗?)

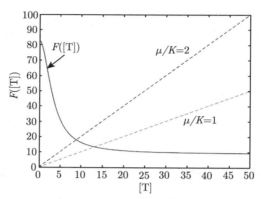

图 8.4 色氨酸操纵基因的定态: $\dfrac{k_e}{k_{-e}}\dfrac{k_m}{k_{-m}}\dfrac{k_{\text{on}}}{k_{\text{off}}} = 500$,

$\dfrac{k_{\text{on}}}{k_{\text{off}}} = 5, \dfrac{k_r}{k_{-r}} = 50, \dfrac{k_{-t}}{k_t} = 100$

§8.2 乳糖操纵子: 正反馈

8.2.1 二次生长实验

莫诺 (J. Monod) 从 1937 年起开始以大肠杆菌为材料, 研究细菌的生理问题, 不久即发现了细菌的二次生长现象 (图 8.5(A)): 当细

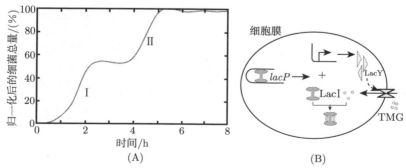

图 8.5 二次生长现象 (A) 和乳糖操纵子的调控机制 (B). 透性酶的表达引起了细胞内的诱导物 TMG 的浓度增加, 而高浓度的 TMG 又能够把蛋白 LacI 从操纵基因上拽落, 从而形成更大量的透性酶表达. 因此抑制蛋白 LacI 与透性酶 LacY 之间就形成了正反馈机制

菌在含有葡萄糖和乳糖的培养基上生长时, 细菌首先利用葡萄糖, 葡萄糖被用完以后才开始利用乳糖. 从生长曲线看, 细菌生长经过一个上升期 I 以后, 出现一个停顿期, 此时曲线呈现平坦, 然后又出现第二个上升期 II. 这就是说, 细菌在利用乳糖之前, 先要有一个 "适应过程". 此后, 莫诺围绕这一现象做了一系列研究, 最终促使他和雅各布 (F. Jacob) 在 1961 年提出了著名的操纵子学说.

8.2.2 乳糖操纵子构成及其功能

乳糖操纵基因包括启动基因、操纵基因和结构基因. 大肠杆菌的乳糖操纵子中, β-半乳糖苷酶、半乳糖苷透性酶、半乳糖苷转乙酰酶的结构基因以 $lacZ$, $lacY$, $lacA$ 的顺序分别排列在染色体上, 前面有操纵基因 $lacO$, 更前面有启动基因 $lacP$.

大肠杆菌的乳糖操纵子受到两方面的调控: 一方面是对 RNA 聚合酶结合到启动基因上能力的调控, 另一方面是对操纵基因的调控. 在含葡萄糖的培养基中, 大肠杆菌是不能利用乳糖的, 当在培养基中只有乳糖时才能利用乳糖 (二次生长实验). 这是由于乳糖是乳糖操纵基因的诱导物, 它的代谢产物可以结合在抑制蛋白的别构位点上, 使其构象发生改变, 破坏抑制蛋白与操纵基因的亲和力, 使之不能与操纵基因结合, 于是 RNA 聚合酶可以结合启动基因, 并顺利地通过操纵基因进行结构基因的转录, 产生大量分解乳糖的酶. 这是典型的正反馈系统. 在实验中, 乳糖常常由不能被代谢的诱导物所代替, 见图 8.5(B).

另外, 在含乳糖的培养基中加入葡萄糖时, 大肠杆菌将不再利用乳糖, 这是因为在乳糖操纵子的调控中, 有降解物基因活化蛋白 (CAP) 的参与, 当它特异地结合在启动基因上时, 能促进 RNA 聚合酶与启动基因的结合, 促进转录. 但游离的 CAP 不能与启动基因结合, 它必须在细胞内有足够的 cAMP (环腺苷酸, 特别重要的第二信使) 时首先与 cAMP 形成复合物, 才能与启动基因结合. 葡萄糖的降解产物能降低细胞内 cAMP 的含量, 因此当向乳糖培养基中加入葡萄糖时, 将造成 cAMP 浓度降低, CAP 便不能结合在启动基因上. 此时即使有乳糖存在, RNA 聚合酶也不能与启动基因结合, 故即使已解除了对操纵基因的抑制, 也不能进行转录. 乳糖操纵子的不同状态总结在图 8.6 中.

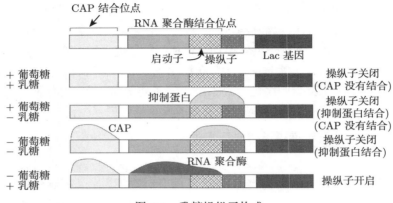

图 8.6 乳糖操纵子构成

8.2.3 乳糖操纵子数学模型

乳糖操纵子数学模型由三个微分方程构成, 它们相应地代表着 mRNA 的浓度 M, 半乳糖苷透性酶的浓度 Y 和内部诱导物的浓度 I 随时间变化的情况.

我们用 R 表示细胞内自由状态的抑制蛋白浓度, R_T 表示细胞内的抑制蛋白总浓度, I_e 表示外部诱导物 TMG (thiomethy1-β-D-galactoside) 的浓度, 则乳糖操纵子的动力学方程为

$$\frac{R}{R_T} = \frac{K}{K + I^n},$$
$$\frac{dM}{dt} = Dk_M p_O - \gamma_M M,$$
$$\frac{dY}{dt} = k_Y M - \gamma_Y Y,$$
$$\frac{dI}{dt} = \alpha k_I Y \beta(I_e) - \gamma_I I + c(I_e - I).$$

(8.1)

方程组 (8.1) 的第一个等式中, 由于抑制蛋白是拥有相同子单位的四聚物, 且与诱导物结合的过程非常迅速, 所以此处借助拟稳态假设 (或快速平衡假设), 得到自由状态抑制蛋白分子个数与所有抑制蛋白分子个数的比值, 且呈现 S 形曲线. 从实验中得知, 希尔系数 n 大约等于 2. 这里, p_O 表示操纵基因为完全打开状态的概率, 一般而言它可以表示

成 $\dfrac{1}{1+R/R_0}$，其中 R_0 表示抑制蛋白与操纵基因结合的半饱和浓度; K 表示抑制蛋白与诱导物之间结合的平衡常数; D 表示每个细菌细胞中操纵子数目的平均水平; k_M 表示每个操纵子的最大转录率，γ_M 为相应 mRNA 的降解率; k_Y 表示 mRNA 的翻译率，γ_Y 为半乳糖苷透性酶的降解率. 即使在没有透性酶分子存在的情况下，诱导物也能够较快地从细胞外面扩散到细胞内部. 我们用 c 表示由于细胞内外诱导物浓度差所引起的扩散系数 (第九章会详细分析). 变量 α 只有两个取值: 1 或 0，对应地表示半乳糖苷透性酶是否被荧光标记物 Tsr 取代而失去正反馈. γ_I 是诱导物的降解率. 当然，诱导物 TMG 可以在透性酶蛋白存在的条件下，通过主动运输进入细胞，其渗透率为 $k_I\beta(I_\mathrm{e})Y$，其中 $\beta(I_\mathrm{e})$ 的具体表达形式可以是 (来自实验数据的拟合)

$$\beta(I_\mathrm{e}) = I_\mathrm{e}^{0.6}. \tag{8.2}$$

随着 TMG 浓度的改变，系统能够出现鞍结点分岔，出现两个各自稳定的定态 (见数值模拟的结果图 8.7). 这正对应于在单细胞实验和细胞群实验中观测到的 "非此即彼" (all-or-none) 的实验现象. "非此即彼" 表示细胞只能处于这两种状态中的某一种，但是不会出现中间状态.

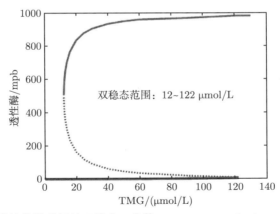

图 8.7　乳糖操纵基因的双稳态. 参数: $D = 1.66$ mpb, $k_M = 5\,\mathrm{min}^{-1}$, $\gamma_M = 0.756\,\mathrm{min}^{-1}$, $k_Y = 1.8\,\mathrm{min}^{-1}$, $\gamma_Y = 0.022\,\mathrm{min}^{-1}$, $R_T = 2$ mpb, $K = 2500\ (\mu\mathrm{mol/L})^2$, $\gamma_I = 0.012\,\mathrm{min}^{-1}$, $k_I = 0.25\,\mathrm{min}^{-1}$, $c = 0.23\,\mathrm{min}^{-1}$, $R_0 = 0.001$ mpb.

阅 读 材 料

[1] Milestones in gene expression (Nature, 2005). http://www.nature. com / milestones / geneexpression / milestones / articles / milegene01. html

[2] Ozbudak E M, Mettetal J T, Lim H N, et al. Multistability in the lactose utilization network of *Escherichia coli*. Nature, 2004, 427: 737–740.

[3] Choi P J, Cai L, Frieda K, et al. A stochastic single-molecule event triggers phenotype switching of a Bacterial cell. Science, 2008, 322: 442–446.

习 题

1. 假设酶转录通道通过以下机制打开:

$$G + mP \underset{k_-}{\overset{k_+}{\rightleftharpoons}} X. \tag{8.3}$$

其中 G 表示基因处于失活状态, X 表示基因处于启动状态. 假设当基因处于启动状态的时候, mRNA 可以被转录出来, 并翻译成酶 P, 酶 P 以某个线性速率降解. 试在 (8.3) 式满足快速平衡的条件下推导描述 mRNA 和酶浓度随时间变化的微分方程组, 画出相图, 说明系统可以有类似 "开关" 的行为.

2. 设 $k_1 = k_2 = k_3$, 求出 $n = 3$ 时的 Goodwin 模型

$$\frac{dX_1}{dt} = \frac{v_0}{1 + \left(\dfrac{X_3}{K_m}\right)^p} - k_1 X_1,$$

$$\frac{dX_i}{dt} = v_{i-1} X_{i-1} - k_i X_i \quad (i = 2, 3)$$

的定态解. 定态解在什么条件下不稳定? 在什么条件下不稳定性存在极限环? 求出 Hopf 分岔点处的参数 p.

3. Bliss 等人 (1982) 提出了一个不需要高维合作性的 Goodwin 修正模型:

$$\frac{\mathrm{d}x_1}{\mathrm{d}t} = \frac{a}{1+x_3} - b_1 x_1, \tag{8.4}$$

$$\frac{\mathrm{d}x_2}{\mathrm{d}t} = b_1 x_1 - b_2 x_2, \tag{8.5}$$

$$\frac{\mathrm{d}x_3}{\mathrm{d}t} = b_2 x_2 - \frac{cx_3}{K+x_3}. \tag{8.6}$$

推导并证明该系统定态的稳定性, 找出当 $K = 1$, $b_1 = b_2 < C$ 和 $a = c\left(\sqrt{\dfrac{c}{b_1}} - 1\right)$ 时 Hopf 分岔点的位置.

4. 对于一个简化的乳糖操纵子数学模型, 假设多余的乳糖可以直接被转化为异乳糖, 则可列出四维方程组:

$$\frac{\mathrm{d}M}{\mathrm{d}t} = \alpha_M \frac{1 + K_a A^2}{K + K_a A^2} - \gamma_M M,$$

$$\frac{\mathrm{d}P}{\mathrm{d}t} = \alpha_P M - \gamma_P P,$$

$$\frac{\mathrm{d}B}{\mathrm{d}t} = \alpha_B M - \gamma_B B,$$

$$\frac{\mathrm{d}A}{\mathrm{d}t} = \alpha_{Le} P \frac{Le}{K_{Le} + Le} - \beta_A B \frac{A}{K_A + A} - \gamma_A A.$$

典型参数在表 8.1 中给出. 试对于不同的 Le 值在 (M, A) 相平面内画出零点集曲线并分析系统的稳定性 (由于系统是一个四维系统, 这并不是一个真正的相空间).

表 8.1   简化的乳糖操纵子模型的参数

$\alpha_B = 1.66 \times 10^{-2}\,\mathrm{min}^{-1}$	$\gamma_A = 0.52\,\mathrm{min}^{-1}$
$\alpha_P = 10\,\mathrm{min}^{-1}$	$\gamma_B = 2.26 \times 10^{-2}\,\mathrm{min}^{-1}$
$\alpha_M = 9.97 \times 10^{-4}\,(\mathrm{mmol/L})/\mathrm{min}$	$\gamma_P = 0.65\,\mathrm{min}^{-1}$
$\alpha_{Le} = 2880\,\mathrm{min}^{-1}$	$\gamma_M = 0.41\,\mathrm{min}^{-1}$
$K_a = 2.52 \times 10^4 (\mathrm{mmol/L})^{-2}$	$K_{Le} = 0.26\,\mathrm{mmol/L}$
$\beta_A = 2.15 \times 10^4\,\mathrm{min}^{-1}$	$K_A = 1.95\,\mathrm{mmol/L}$
$K = 6000$	

第九章　协助扩散和电扩散

§9.1　细胞膜的结构

原始生命向细胞进化所获得的重要形态特征之一，就是生命物质外面出现细胞膜. 细胞膜和细胞内膜系统总称为生物膜 (biomembrane). 生物膜具有相同的基本结构特征 (图 9.1).

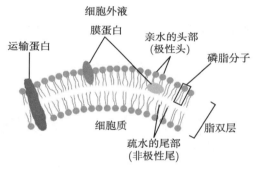

图 9.1　生物膜

细胞膜 (cell membrane) 位于细胞表面，它最重要的特性是半透性，或称选择透过性，对出入细胞的物质有很强的选择透过性. 细胞膜是防止细胞外物质自由进入细胞的屏障，它保证了细胞内环境的相对稳定，使各种生化反应能够有序运行. 但是细胞必须与周围环境发生信息、物质与能量的交换，才能完成特定的生理功能，因此细胞必须具备一套物质转运体系，用来获得所需物质和排出代谢废物.

19 世纪中叶，Mageli 发现细胞有膜结构的存在；1899 年，Oveiton 发现脂溶性大的物质容易进入细胞，推想生物膜应为脂类屏障. 1925 年，Gorter 和 Grendel 提出生物膜的磷脂类双分子层模型. Singer 和 Nicholsom 在 1972 年提出生物膜的流动镶嵌模型 (fluid mosaic model): 生物膜的骨架是磷脂类双分子层 (脂双层)，疏水的尾部在内，亲水的头部在外, 组成生物膜骨架; 蛋白质分子以不同的方式镶嵌其中; 脂双层具有流动性, 其磷脂类分子可以自由移动, 蛋白质分子也可以在脂双层中横向移动.

细胞与周围环境之间的物质交换, 是通过细胞膜的转运功能实现的, 其主要转运方式有以下四种:

(1) 单纯扩散: 脂溶性物质从膜的高浓度侧向低浓度侧的扩散过程, 称为单纯扩散.

(2) 载体介导的被动转运: 非脂溶性物质在膜蛋白的帮助下, 顺浓度差或电位差跨膜扩散的过程, 称为载体介导的被动转运.

(3) 主动转运: 离子或小分子物质在膜上 "泵" 的作用下, 逆浓度差或电位差的跨膜转运过程, 称为主动转运. 主动运输需要消耗大量能量.

(4) 入胞和出胞作用: 这是转运大分子或团块物质的有效方式. 物质通过细胞膜的运动从细胞外进入细胞内的过程, 称为入胞, 包括吞噬和吞饮. 液态物质入胞为吞饮, 如小肠上皮对营养物质的吸收; 固体物质入胞为吞噬, 如粒细胞吞噬细菌的过程. 出胞是通过细胞膜的运动把物质从细胞内送到细胞外的过程. 细胞的代谢产物及腺细胞的分泌物都是以出胞作用完成的.

本章主要介绍扩散过程的一般理论以及协助扩散和电扩散等, 其他跨膜运输方式的模型可参见文献 [5].

§9.2 扩散过程的一般理论

扩散首先来自守恒律:

某量 u 的变化 = 局部产生的 u + 由于输运产生的 u.

在一维情况下, 设单位时间内在位置 x 朝向实轴正向的流量为 $J(x,t)$, 于是在时间 $[t, t+\Delta t]$ 内, 区间 $[x, x+\Delta x]$ 的 u 总量变化 (假设没有局部产生的 u) 为

$$(J(x,t) - J(x+\Delta x,t))\,\Delta t \approx u(x,t+\Delta t)\Delta x - u(x,t)\Delta x.$$

当 Δt 和 Δx 都很小时，上式即

$$\frac{\partial u}{\partial t} = -\frac{\partial J}{\partial x}.$$

如果 Ω 是某空间的区域，则该守恒律在有局部产生 u 的情况下可以写成

$$\frac{\mathrm{d}}{\mathrm{d}t}\int_\Omega u\mathrm{d}V = \int_\Omega f\mathrm{d}V - \int_{\partial\Omega} \boldsymbol{J}\cdot\boldsymbol{n}\mathrm{d}A,$$

其中 $\partial\Omega$ 是区域 Ω 的边界，$\boldsymbol{n}$ 是边界朝外的法向量，f 是单位体积里产生的 u，而 $\boldsymbol{J}$ 是 u 的流. 以浓度为例，如果 u 的单位是 $\mathrm{mol\cdot m^{-3}}$，则 J 的单位就是 $\mathrm{mol\cdot s^{-1}\cdot m^{-2}}$.

如果 $\boldsymbol{J}$ 是足够光滑，那么由微积分的高斯公式

$$\int_{\partial\Omega} \boldsymbol{J}\cdot\boldsymbol{n}\mathrm{d}A = \int_\Omega \nabla\cdot\boldsymbol{J}\mathrm{d}V$$

有

$$\frac{\partial u}{\partial t} = f - \nabla\cdot\boldsymbol{J}.$$

所以具体的模型由 f 和 $\boldsymbol{J}$ 的不同表达式决定.

9.2.1 菲克定律

最简单的化学物质流是

$$\boldsymbol{J} = -D\nabla u,$$

其中 D 称作**扩散系数**，单位是长度^2/时间. 这就是**菲克定律**，它不是普适的物理定律，只是在化学物质浓度不是太高的情况下的合理近似，这一点类似胡克定律.

根据菲克定律，上述守恒方程变成反应–扩散方程:

$$\frac{\partial u}{\partial t} = \nabla\cdot(D\nabla u) + f.$$

如果 D 是常数，那么

$$\frac{\partial u}{\partial t} = D\nabla^2 u + f.$$

9.2.2 扩散系数

爱因斯坦在 1906 年通过研究布朗运动得到了扩散系数的定量关系: 如果一个圆形的溶质分子远大于溶剂分子的大小, 那么

$$D = \frac{k_B T}{6\pi\mu a},$$

其中 k_B 是玻尔兹曼常数, T 是绝对温度, μ 是溶质的黏滞系数, 而 a 是溶质分子的半径. 该关系也称为 **Einstein-Stokes 方程**, $\varsigma = 6\pi\mu a$ 称为**阻尼系数** (drag coefficient).

圆形分子的质量是 $M = \frac{4}{3}\pi a^3 \rho$, 其中 ρ 是分子密度, 所以

$$D = \frac{k_B T}{3\mu}\left(\frac{\rho}{6\pi^2 M}\right)^{1/3}.$$

很多大蛋白质的密度差不多, 所以此时 D 是 $M^{-1/3}$ 阶的; 而对于小分子, 则不是如此, 大约是 $M^{-1/2}$ 阶的.

9.2.3 通过膜的扩散: 欧姆定律

假设膜两侧的浓度是恒定不变的, 在 $x = 0$ 处 (左侧) 的浓度为 c_0, 而在 $x = L$ 处 (右侧) 的浓度为 c_L. 根据扩散方程, 有

$$\frac{\partial c}{\partial t} = D\frac{\partial^2 c}{\partial x^2},$$

边界条件为 $c(0,t) = c_0$, $c(L,t) = c_L$ (线浓度).

求出完整的随时间变化的解需要变量分离, 且需要给定初始条件 $c(x,0)$. 所谓变量分离, 指的是我们可以去寻找形如 $c(x,t) = e^{\lambda t}g(x)$ 的基本解, 则一般解就是基本解的线性组合. 我们可以求得 $g(x) = a\cos\omega x + b\sin\omega x$, 其中 $\omega = \sqrt{D/\lambda}$. 为了简单起见, 我们还可以设 $\tilde{c}(x,t) = c(x,t) - c_0 + (c_0 - c_L)x/L$. 有兴趣的读者可以继续计算.

这里我们只关心定态解. 定态时 $\frac{\partial c}{\partial t} = 0$, 则

$$\frac{dJ}{dx} = -D\frac{d^2 c}{dx^2} = 0.$$

于是 $J = -D\dfrac{\mathrm{d}c}{\mathrm{d}x} = $ 常数，或者 $c(x) = ax + b$. 应用边界条件，则有

$$c(x) = c_0 + (c_L - c_0)\frac{x}{L}.$$

因此 $J = \dfrac{D}{L}(c_0 - c_L)$. 这类似于化学中的欧姆定律，其中 $\dfrac{L}{D}$ 是阻尼.

§9.3 协 助 扩 散

本章中的协助扩散指的是化学物质转运流量被扩散媒介中的化学反应所增强. 一些文献中跨膜介导的被动转运有时也被称作协助扩散，请加以区别. 一个协助扩散的例子是肌纤维中关于氧的协助扩散: 在肌纤维里，氧和肌红蛋白结合，然后作为氧合肌红蛋白转运，这要比没有肌红蛋白的时候转运快得多. 但是，一开始我们会觉得这和直观不符: 因为肌红蛋白分子比氧分子大得多，而具有小得多的扩散系数，所以氧合肌红蛋白的扩散应该比自由氧分子的扩散慢得多.

一个简单模型如下:

设左侧 $(x = 0)$ 的氧浓度是固定在 s_0，而右侧 $(x = L)$ 的氧浓度固定在 $s_L < s_0$.

如果 f 是氧变成氧合肌红蛋白的速率，则 $s = [O_2]$, $e = [Mb]$, $c = [MbO_2]$ 满足的方程分别是

$$
\begin{aligned}
\frac{\partial s}{\partial t} &= D_s\frac{\partial^2 s}{\partial x^2} - f,\\
\frac{\partial e}{\partial t} &= D_e\frac{\partial^2 e}{\partial x^2} - f,\\
\frac{\partial c}{\partial t} &= D_c\frac{\partial^2 c}{\partial x^2} + f.
\end{aligned}
\tag{9.1}
$$

可以合理假设 $D_e = D_c$，因为肌红蛋白和氧合肌红蛋白的质量和结构都几乎一样. 由于这两者也都限制在该区域 $(0 \leqslant x \leqslant L)$ 内，则边界条件是: 在 $x = 0$ 和 $x = L$ 时，有 $\dfrac{\partial e}{\partial x} = \dfrac{\partial c}{\partial x} = 0$ (无流边条件).

我们设反应为

$$O_2 + Mb \underset{k_-}{\overset{k_+}{\rightleftharpoons}} MbO_2,$$

使得 $f = -k_- c + k_+ se$ (质量作用定律).

定态时, $e(x) + c(x) = e_0(x)$ 满足 $D_e \dfrac{\mathrm{d}^2 e_0(x)}{\mathrm{d}x^2} = 0$, 又因为无流边

条件 $\left(\left. \dfrac{\mathrm{d}e_0(x)}{\mathrm{d}x} \right|_{x=0,L} = 0 \right)$, 我们可以得到 e_0 是常数, 所以关于 e 的

方程是多余的. 那么定态时有

$$0 = D_s \frac{\mathrm{d}^2 s}{\mathrm{d}x^2} + D_c \frac{\mathrm{d}^2 c}{\mathrm{d}x^2},$$

因此有另一个与 x 无关的守恒量 J:

$$D_s \frac{\mathrm{d}s}{\mathrm{d}x} + D_c \frac{\mathrm{d}c}{\mathrm{d}x} = -J,$$

其中 J 表示总的氧转运速率. 所以

$$J = \frac{D_s}{L}(s_0 - s_L) + \frac{D_c}{L}(c_0 - c_L),$$

不过 c_0 和 c_L 都不知道.

为了更深入地理解这系统, 我们引入无量纲的变量 $\sigma = \dfrac{k_+}{k_-}s$, $u = c/e_0$ 和 $y = x/L$, 则方程变为

$$\varepsilon_1 \sigma_{yy} = \sigma(1 - u) - u = -\varepsilon_2 u_{yy},$$

其中

$$\varepsilon_1 = \frac{D_s}{e_0 k_+ L^2}, \quad \varepsilon_2 = \frac{D_c}{k_- L^2}.$$

与实验数据拟合发现, $\varepsilon_1, \varepsilon_2 \ll 1$, 因此采取快速平衡假设有

$$c = e_0 \frac{s}{K + s}, \quad 其中 \quad K = \frac{k_-}{k_+}.$$

代入 $J = \dfrac{D_s}{L}(s_0 - s_L) + \dfrac{D_c}{L}(c_0 - c_L)$, 我们得到

$$J = \frac{D_s}{L}(1 + \mu\rho)(s_0 - s_L),$$

其中

$$\rho = \frac{D_c}{D_s} \frac{e_0}{K}, \quad \mu = \frac{K^2}{(s_0 + K)(s_L + K)}.$$

当自由扩散的时候，$\rho = 0$，则该扩散流满足典型的菲克定律；而当有转运蛋白的时候，该扩散流被加上了一个因子 $\mu\rho$ (通常 $D_s\mu\rho$ 称为**额外扩散系数**). 虽然氧合肌红蛋白比氧扩散得慢，但是只要 e_0 远大于 K，也就是肌红蛋白足够多，因子 $\mu\rho$ 就可以比 1 大得多 (图 9.2).

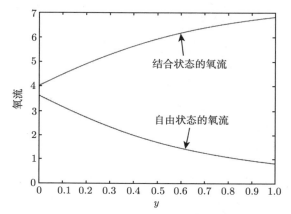

图 9.2   协助扩散中自由氧和氧合肌红蛋白的流 ($-\sigma_y$ 和 $-\rho u_y$)，其中 $y = x/L$ 是无量纲化后的坐标：$\rho = 10, \sigma(0) = 2, \sigma(1) = 0.1$

§9.4   电扩散: Goldman-Hodgkin-Katz 电流方程

细胞膜内的离子流受到两种驱动：浓度梯度和电场. 电场对离子流的贡献可以用 Planck 方程描述：

$$\boldsymbol{J} = -u\frac{z}{|z|}c\nabla\phi,$$

其中 u 是离子的迁移率，定义成单位电场驱动下的离子速率；z 是离子的化合价；c 是离子的浓度；ϕ 是电势.

根据 $u = |q|/\eta$，其中 $q = zF/N_A$ 是电量，η 是摩擦系数，F 是法拉第常数，爱因斯坦得到离子迁移率和菲克扩散系数的关系如下：

$$D = \frac{uRT}{|z|F} = \frac{k_BT}{\eta},$$

其中 R 是理想气体常数，等于 Boltzmann 常数 K_B 乘以 Avogadro 常数 N_A.

当浓度梯度和电势梯度的效果结合在一起时, 我们可以得到 Nernst-Planck 扩散方程

$$\boldsymbol{J} = -D\left(\nabla c + \frac{zF}{RT}c\nabla\phi\right).$$

如果离子流和电场方向都是和细胞膜方向垂直的, 我们就可以得到一维关系

$$J = -D\left(\frac{\mathrm{d}c}{\mathrm{d}x} + \frac{zF}{RT}c\frac{\mathrm{d}\phi}{\mathrm{d}x}\right).$$

9.4.1 Nernst-Planck 方程

当 $J = 0$ (平衡态) 时, 有

$$-D\left(\frac{\mathrm{d}c}{\mathrm{d}x} + \frac{zF}{RT}c\frac{\mathrm{d}\phi}{\mathrm{d}x}\right) = 0,$$

则

$$\frac{1}{c}\frac{\mathrm{d}c}{\mathrm{d}x} + \frac{zF}{RT}\frac{\mathrm{d}\phi}{\mathrm{d}x} = 0.$$

现在设细胞膜是从 $x = 0$ 到 $x = L$, 而下标 i 和 e 分别表示细胞内部 $(x = 0)$ 和外部 $(x = L)$ 的量, 那么从 $x = 0$ 到 $x = L$ 积分, 我们可以得到

$$\ln c\Big|_{c_{\mathrm{i}}}^{c_e} = \frac{zF}{RT}(\phi_{\mathrm{i}} - \phi_{\mathrm{e}}).$$

因此细胞膜两边的电势差是

$$V = \frac{RT}{zF}\ln\frac{c_{\mathrm{e}}}{c_{\mathrm{i}}}.$$

这就是第六章讲过的 Nernst-Planck 方程, 那里的 $q = zF/N_{\mathrm{A}}$, 而 F 正是 1 mol 电子所带的电量.

9.4.2 常数电场近似

若定态时的 J 不是零, 以上的方法就不可用, 而且如果要用静力学的库仑定律的话, 精确解也几乎没办法求出. 但是, 在离子浓度不太高、离子通道宽度很小的时候, 可以做一个合理假设: $\dfrac{\mathrm{d}\phi}{\mathrm{d}x} = -\dfrac{V}{L}$, 其

中 $V = \phi(0) - \phi(L)$.

定态时，J 为常数，则

$$\frac{\mathrm{d}c}{\mathrm{d}x} - \frac{zFV}{RTL}c + \frac{J}{D} = 0,$$

其解是

$$\exp\left(\frac{-zVFx}{RTL}\right)c(x) = -\frac{JRTL}{DzVF}\left(\exp\left(\frac{-zVFx}{RTL}\right) - 1\right) + c_i,$$

其中用到了边界条件 $c(0) = c_i$. 为了满足另一个边界条件 $c(L) = c_e$，J 必须满足

$$J = \frac{D}{L}\frac{zFV}{RT}\frac{c_i - c_e\exp\left(\frac{-zVF}{RT}\right)}{1 - \exp\left(\frac{-zVF}{RT}\right)}.$$

所以电流为

$$I_S = zFJ = P_S\frac{z^2F^2V}{RT}\frac{c_i - c_e\exp\left(\frac{-zVF}{RT}\right)}{1 - \exp\left(\frac{-zVF}{RT}\right)},$$

其中 $P_S = \dfrac{D}{L}$ 是细胞膜对于离子 S 的渗透率. 这就是著名的 Goldman-Hodgkin-Katz(GHK) 电流方程.

如果 $I_S = 0$，则 $V = V_S$（即平衡态时的 Nernst 电势）.

关于扩散过程的进一步知识，特别是基于随机过程的观点，我们会在后续章节中介绍.

阅读材料

[1] Einstein-relation-(kinetic-theory). http://en.wikipedia.org/wiki/Einstein_relation_(kinetic_theory)

[2] Wittenberg J B. The molecular mechanism of haemoglobin-facilitated oxygen diffusion. Journal of Biological Chemistry, 1996, 241: 104–114.

习　题

*1. 在细胞内部, 很多小分子的自由扩散都因为其与某个大分子之间的化学反应而得到缓冲. 假设有缓冲反应 $A+B \underset{k_-}{\overset{k_+}{\rightleftharpoons}} AB$, 其中 A 是小分子, B 是作为缓冲的大分子. B 分子的扩散系数 D_B 比 A 分子的扩散系数 D_A 要小很多, AB 的扩散系数和 D_B 差不多. 初始时 [B] 和 [AB] 在空间是均匀的, 并假设 B 和 AB 除了这个缓冲反应外没有别的化学反应, 请说明 B 和 AB 的浓度之和一直在空间都是均匀的, 设为 w_0. 进一步假设该缓冲反应处于快速平衡, 且平衡常数 $K_{eq} = \dfrac{k_-}{k_+}$ 远大于 A 的浓度, 请说明此时 A 分子的有效扩散系数为

$$D_{eff} = \frac{D_A + D_B \dfrac{w_0}{K_{eq}}}{1 + \dfrac{w_0}{K_{eq}}}.$$

2. 用一种荧光染料 (扩散系数 $D = 10^{-7} \text{ cm}^2/\text{s}$, 与氢原子的化学反应常数 $K_{eq} = 30 \text{ mmol/L}$) 标记氢 (扩散系数 $D_H = 4.4 \times 10^{-5} \text{ cm}^2/\text{s}$), 在这些条件下有效扩散系数为 $8 \times 10^{-6} \text{ cm}^2/\text{s}$. 试求荧光染料分子的初始浓度 (假设荧光染料分子是氢的快缓冲剂, 且氢原子数量远小于 K_{eq}).

3. 计算含有 $1.2 \times 10^{-5} \text{ (mol/L)/cm}^3$ 肌红蛋白 (扩散系数 $D_M = 4.4 \times 10^{-7} \text{ cm}^2/\text{s}$) 的溶液中氧 (扩散系数 $D_O = 1.2 \times 10^{-5} \text{ cm}^2/\text{s}$) 的有效扩散系数. 假设肌红蛋白和氧的反应常数为

$$k_+ = 1.4 \times 10^{10} \text{ cm}^3 \cdot (\text{mol/L}) \cdot \text{s}^{-1}, \quad k_- = 11 \text{ s}^{-1}.$$

4. 试求由于肌红蛋白 (扩散系数 $D_M = 4.4 \times 10^{-7} \text{ cm}^2/\text{s}$) 的协助运输作用而使得二氧化碳产生的最大额外扩散系数, 设二氧化碳的扩散系数为 $D_S = 1.92 \times 10^{-5} \text{ cm}^2/\text{s}$, 化学反应常数为 $k_+ = 2 \times 10^8 \text{ cm}^3/[(\text{mol/L}) \cdot \text{s}]$, $k_- = 1.7 \times 10^{-2} \text{ s}^{-1}$, 肌红蛋白分子的总浓度为 $1.2 \times 10^{-5} \text{ (mol/L)/cm}^3$; 并和同样浓度下协助扩散时氧气的最大额外扩散系数作比较.

第三部分

随机性动力学模型

第十章 重要概率分布及随机过程简介

细胞生物学的基础是基因组学和生物化学. 一般来说, 细胞的基因组随时间的变化不太显著, 除非是癌细胞. 生物化学的基础是化学, 特别是化学动力学. 以前, 当生物学家从分子角度来研究细胞的时候, 大多数都只关心分子的静态性质, 而且一般都是从确定性的角度出发, 没有考虑到随机性. 但是近些年, 由于单分子、单细胞实验技术的革命性发展, 使得在实验中已经能直接观测到显著的随机性, 这也是因为细胞中很多大分子的浓度非常低, 只有几十个到几百个大分子, 其热运动导致的涨落非常明显. 因此, 研究单细胞亚宏观生物化学系统必须强调其 "随机" 性质, 也就涉及概率论这一数学分支.

§10.1 概率论基本知识

10.1.1 随机变量、均值和方差

随机变量 (random variable) 是表示随机现象 (在一定条件下, 并不总是出现相同结果的现象称为随机现象) 各种结果的变量. 例如, 随机投掷一枚硬币, 可能出现的结果有正面朝上和反面朝上两种; 又如, 每天的同一时间内公共汽车站等车乘客人数一般各不相同; 等等. 一般情况下, 我们用大写字母表示随机变量本身, 而小写字母表示该随机变量的结果 (也称为一次实现).

对于取离散值 $\{a_i\}$ 的随机变量 X, 其**均值** (又称为**期望**) 定义为

$$E(X) = \sum_i a_i P(X = a_i),$$

它也常常表示为 $\langle X \rangle$.

随机变量 X 的二阶矩定义为

$$E(X^2) = \langle X^2 \rangle = \sum_i a_i^2 P(X = a_i),$$

所以其方差为

$$\text{var}(X) = \langle (X - \text{E}(X))^2 \rangle = \langle X^2 \rangle - \langle X \rangle^2.$$

一般地,随机变量 X 的函数 $f(X)$ 也是随机变量,其概率分布为

$$P(f(X) = f(a_i)) = \sum_{j: f(a_j) = f(a_i)} P(X = a_j),$$

而其期望为

$$\text{E}(f(X)) = \langle f(X) \rangle = \sum_i f(a_i) P(X = a_i).$$

对于取连续实数值 x 的随机变量 X,其概率 (分布) 密度为 $p(x)$,对于任意的 $a \leqslant b$,有

$$P(a \leqslant X \leqslant b) = \int_a^b p(x) \mathrm{d}x.$$

这时,随机变量 X 的均值定义为

$$\text{E}(X) = \langle X \rangle = \int_{-\infty}^{+\infty} x p(x) \mathrm{d}x,$$

二阶矩定义为

$$\text{E}(X^2) = \langle X^2 \rangle = \int_{-\infty}^{+\infty} x^2 p(x) \mathrm{d}x,$$

所以其方差为

$$\text{var}(X) = \langle X^2 \rangle - \langle X \rangle^2.$$

均值运算具有线性性质:
(1) $\langle f(X) + g(X) \rangle = \langle f(X) \rangle + \langle g(X) \rangle$;
(2) $\langle cf(X) \rangle = c \langle f(X) \rangle$,其中 c 是一个常数.

10.1.2 随机变量的函数和香农熵

在实际应用中,随机变量 X 往往是观测不到的,能观测到的都是 X 的某个函数 $f(X)$.

对于取离散值的随机变量 X，可以定义 $p(X)$ 为取值 X 的概率；对于取连续实数值的随机变量 X，也可以定义 $p(X)$ 为取值 X 的概率密度. 早在 20 世纪 30 年代，$-\ln p(X)$ 就被著名概率学家 Kolmogorov 称为**信息**，其期望就是著名的**香农熵** (简称**熵**).

对于取离散值 $\{a_i\}$ 的随机变量 X，其熵为

$$S(X) = \sum_i -P(X=a_i)\ln P(X=a_i);$$

对于取连续实数值 x 的随机变量，其熵为

$$S(X) = \int -p(x)\ln p(x)\mathrm{d}x.$$

10.1.3 条件概率，全概公式和逆概公式

在实际问题中，除了要知道事件 A 的概率 $P(A)$ 外，有时还需要知道在事件 B 已发生的条件下，事件 A 发生的概率. 这就是我们所要介绍的**条件概率**，将它记为 $P(A|B)$. 其计算公式为

$$P(A|B) = \frac{P(AB)}{P(B)},$$

其中 $P(AB)$ 指的是事件 A 和事件 B 都发生的概率.

两事件 A 和 B 独立，当且仅当

$$P(AB) = P(A)P(B), \quad 即 \quad P(A|B) = P(A).$$

如果事件集合 $\{A_1, A_2, \cdots, A_n\}$ 构成一个完备事件组，即两两互斥，且 $P(A_i) > 0 \ (i = 1, 2, \cdots, n)$ 和 $\sum_{i=1}^{n} P(A_i) = 1$，则

(1) 对任一事件 B，有

$$P(B) = \sum_{i=1}^{n} P(A_iB) = \sum_{i=1}^{n} P(A_i)P(B|A_i).$$

这个公式称为**全概率公式**.

(2) 对任一事件 B $(P(B) > 0)$, 有

$$P(A_k|B) = \frac{P(A_k)P(B|A_k)}{\sum_{i=1}^{n} P(A_i)P(B|A_i)} \quad (k = 1, 2, \cdots, n).$$

这个公式称为**逆概公式**, 也称为**贝叶斯公式**.

§10.2 高斯分布和布朗运动

10.2.1 对称随机游动和中心极限定理

图 10.1 中是著名的 Galton Board: 从 $x = 0$ 的正上方落下的每一个小球, 最后都会随机落到最下面的某个位置 $x = 0, \pm 1, \pm 2, \cdots$ 上. 我们假设每一步该小球都是随机地选择往左一格还是往右一格 (各 50% 的概率), 这就是对称随机游动. 对于小球来说, 在经过了 N 步之后, 其处于位置 $x = m$ 的概率 (m 需与 N 同奇偶性) 是

$$p(m) = \frac{N!}{\left(\dfrac{N+m}{2}\right)!\left(\dfrac{N-m}{2}\right)!}\left(\frac{1}{2}\right)^N.$$

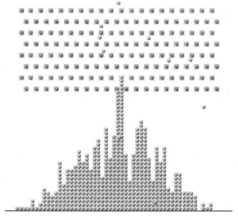

图 10.1 Galton Board. 来自: http://probability.ca/jeff/java/utday/

这种分布称作二项分布. 该二项分布随机变量 X 可以看成 N 个独立的两点分布随机变量的和, 即

$$X = \xi_1 + \xi_2 + \cdots + \xi_N,$$

其中

$$P(\xi_i = 1) = P(\xi_i = -1) = \frac{1}{2} \quad (i = 1, 2, \cdots, N).$$

对于任何独立同分布的随机变量 $\xi_1, \xi_2, \cdots, \xi_N$, 当 N 很大时, $X_N = \xi_1 + \xi_2 + \cdots + \xi_N$ 的平均值 (即 X_N/N) 会越来越接近 μ, 其中 μ 为 ξ_i 的均值. 这称为**大数定律**. 更进一步, 其概率分布会越来越接近均值为 $N\mu$, 方差为 $N\sigma^2$ 的高斯分布 (即正态分布), 其中 σ^2 为 ξ_i 的方差. 这称为**中心极限定理**.

均值为 $N\mu$, 方差为 $N\sigma^2$ 的高斯分布概率密度为

$$\frac{1}{\sigma\sqrt{2N\pi}}e^{-\frac{(x-N\mu)^2}{2N\sigma^2}}.$$

对于对称随机游动来说, $\mu = 0$, $\sigma^2 = 1$.

10.2.2　从对称随机游动到布朗运动

继续考虑一维对称随机游动. 随机变量 X_n 是该随机游动在第 n 步的位置, 其概率分布 $p_n(m) = P(X_n = m)$ 满足

$$p_n(m) = \frac{1}{2}p_{n-1}(m-1) + \frac{1}{2}p_{n-1}(m+1). \tag{10.1}$$

设时间步长为 Δt, 空间步长为 Δx, 那么我们有概率密度 $u(x,t) \overset{\text{def}}{=} p_{\frac{t}{\Delta t}}\left(\frac{x}{\Delta x}\right)\big/(2\Delta x)$ 满足

$$u(x, t+\Delta t) = \frac{1}{2}u(x-\Delta x, t) + \frac{1}{2}u(x+\Delta x, t). \tag{10.2}$$

上式可以改写成

$$\frac{u(x, t+\Delta t) - u(x,t)}{\Delta t} = \frac{(\Delta x)^2}{2\Delta t}\frac{u(x-\Delta x,t) + u(x+\Delta x,t) - 2u(x,t)}{(\Delta x)^2}.$$

于是, 如果

$$D = \lim_{\Delta t \to 0} \frac{(\Delta x)^2}{2\Delta t}, \tag{10.3}$$

则

$$\frac{\partial u(x,t)}{\partial t} = D\frac{\partial^2 u(x,t)}{\partial x^2}, \tag{10.4}$$

这就是我们之前说过的单纯扩散方程, 即布朗运动. 这里我们实际上给出了菲克定律的微观解释.

更进一步, 我们来考虑布朗运动所对应的随机过程, 即在限制条件 $D = \lim_{\Delta t \to 0} \frac{(\Delta x)^2}{2\Delta t}$ 下, 来看 $Y_t = \lim_{\Delta t \to 0} \Delta x X_{\frac{t}{\Delta t}}$ 的分布. 根据中心极限定理, $Y_t = \lim_{\Delta t \to 0} \Delta x X_{\frac{t}{\Delta t}} = \lim_{\Delta t \to 0} \Delta x \sum_{i=1}^{\frac{t}{\Delta t}} \xi_i$ 服从高斯分布, 其均值是 0, 方差是 $\lim_{\Delta t \to 0} (\Delta x)^2 \frac{t}{\Delta t} = 2Dt$. 可以验证, Y_t 的正态概率密度即是满足 (10.4) 式的 $u(x,t)$. 特别地, 称 $\langle Y_t^2 \rangle = 2Dt$ 为**均方位移** (Mean Square Displacement, MSD). 实验上这也是用来验证扩散过程的方法 (图 10.3 和图 10.4). 对于高维情形, 我们有 $2dDt = \langle \parallel X_t - X_0 \parallel^2 \rangle$, 其中 d 是维数, D 是扩散系数.

10.2.3 应用

1. 麦克斯韦–波尔兹曼分布 (统计物理)

在一个达到平衡态的理想气体闭系统中, 每个方向的速度分布都是高斯分布, 即 $N\left(0, \frac{k_B T}{m}\right)$ (均值为 0, 方差为 $\frac{k_B T}{m}$ 的正态分布), 其中 k_B 是 Boltzmann 常数, T 是温度, m 是粒子质量. 三个方向速度的联合分布称为麦克斯韦–波尔兹曼 (Maxwell-Boltzmann) 分布.

所以, 速度大小 (即速率) 的分布就是 (见习题)

$$p(v) = \sqrt{\frac{2}{\pi}\left(\frac{m}{k_B T}\right)^3} v^2 \exp\left(-\frac{mv^2}{2k_B T}\right),$$

见图 10.2. 最可能速率为 $v_p = \sqrt{\frac{2k_B T}{m}}$, 平均动能为 $\left\langle \frac{1}{2}mv^2 \right\rangle = \frac{3}{2}k_B T$.

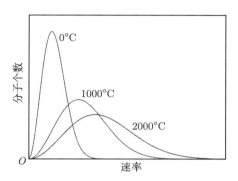

图 10.2 麦克斯韦-波尔兹曼分布中的速率分布

2. 布朗运动与佩兰实验

1905—1906 年，爱因斯坦发表了两篇关于液体中悬浮粒子运动的论文，不仅在理论上完全解决了 1827 年发现的布朗运动，而且也提出了测定分子大小的新方法 (爱因斯坦关系). 1908—1910 年，这个问题引起了法国物理学家佩兰 (Perrin) 的注意，并与他的学生一起进行了一系列伟大的实验，证明了爱因斯坦所预言的 "经受布朗运动的给定粒子的均方位移与观测时间成正比" 的正确性 (图 10.3)，并第一次计算出了波尔兹曼常数的数值. 佩兰还发现，当胶体溶液中引力场与分子运动之间呈现平衡时，在某种情况下，可以从密度的分布准确地计算出原子的实际大小. 佩兰这一重要的发现，终于以无可辩驳的实验

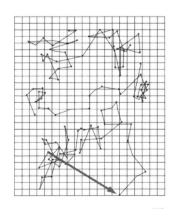
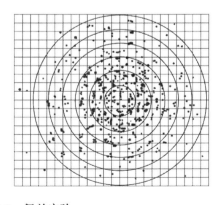

图 10.3 佩兰实验

数据证明了原子是确实存在的. 这样, 一时甚嚣尘上的反原子论的唯心论终于宣告彻底破产, 人们普遍接受了原子论的观点. 1926 年, 他以物质结构不连续性的研究成果, 特别是淀积平衡的发现荣获诺贝尔物理学奖.

3. 蛋白质分子在 DNA 上的滑行

蛋白质分子可以在 DNA 链上做一维滑行 (sliding), 该运动也是布朗运动, 见图 10.4.

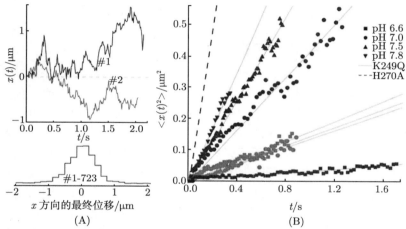

图 10.4 (A) 蛋白质分子在 DNA 链上的滑行轨迹及其高斯分布; (B) 均方位移和时间的线性关系. 来自文献: Blainey Paul C, van Oijen Antoine M, Banerjee Anirban, et al. A base-excision DNA-repair protein finds intrahelical lesion bases by fast sliding in contact with DNA. Proc Natl Aca Sci, 2006, 103: 5752–5757 (Copyright (2006) National Academy of Sciences, U. S. A)

§10.3 泊松分布和泊松过程

泊松分布 (图 10.5(A)) 概率分布如下:

$$p(n) = \frac{\lambda^n}{n!} e^{-\lambda}. \tag{10.5}$$

这是二项分布

$$p(n) = \frac{N!}{n!(N-n)!} p^n (1-p)^{N-n}$$

在 $N \to \infty$, $p \to 0$ 和 $Np \to \lambda$ 条件下的极限 (见习题). (思考：如何给一个直观解释?)

泊松分布在现实世界中非常常见, 比如粒子自由扩散实验中在某个特定的小区域内的粒子数分布是泊松分布. 泊松分布的均值等于 λ, 二阶矩等于 $\lambda^2 + \lambda$, 所以方差也等于 λ. 这是泊松分布最重要的性质之一.

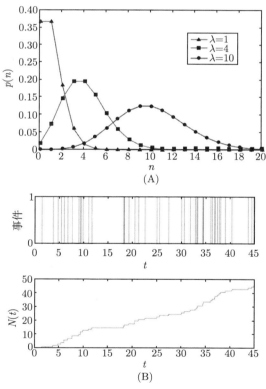

图 10.5 (A) 泊松分布; (B) 泊松过程

我们现在可以来介绍泊松过程了 (图 10.5(B)): 设 $N(t)$ 是一个取非负整数值的随机变量, 记录的是 $[0, t]$ 内某事件发生的次数, 比如某个基因转录出的 mRNA 分子个数或某个 mRNA 翻译出的蛋白质分子个数. 称随机过程 $\{N(t); t \geqslant 0\}$ 为一个强度为 λ 的**泊松过程**, 如果满足条件

(1) 对于时间 $t_0 = 0 < t_1 < t_2 < \cdots < t_n < \cdots$, $N(t)$ 的增量

$$N(t_1) - N(t_0), \quad N(t_2) - N(t_1), \quad \cdots, \quad N(t_n) - N(t_{n-1})$$

是独立的随机变量 (独立增量性);

(2) 在区间 $(t, t + \tau]$ 内有 1 个或 0 个事件的概率是

$$p_1(\tau) = \lambda\tau + o(\tau), \quad p_0(\tau) = 1 - p_1(\tau) + o(\tau);$$

(3) $N(0) = 0$.

我们认为这是非常一般的假设: 假设事件之间没有相关性, 且没有聚束效应. 有趣的是, 这些如此弱的假设足以确定 $N(t)$.

令 $p_n(t) = p(N(t) = n)$ 表示时刻 t 之前共有 n 个事件发生的概率. 我们可以先计算 $p_0(t)$:

$$p_0(t + h) = p_0(t)p_0(h) = (1 - \lambda h)p_0(t) + o(h),$$

$$p_0(t + h) - p_0(t) = -\lambda h p_0(t) + o(h),$$

$$\frac{\mathrm{d}p_0(t)}{\mathrm{d}t} = -\lambda p_0(t),$$

$$p_0(t) = \mathrm{e}^{-\lambda t}.$$

然后我们考虑一般的 $p_n(t)$ 的递推关系:

$$p_n(t + h) = p_{n-1}(t)\lambda h + p_n(t)(1 - \lambda h) + o(h),$$

$$\frac{\mathrm{d}p_n(t)}{\mathrm{d}t} = -\lambda p_n(t) + \lambda p_{n-1}(t),$$

$$\frac{\mathrm{d}}{\mathrm{d}t}\left(\mathrm{e}^{\lambda t}p_n(t)\right) = \lambda\left(\mathrm{e}^{\lambda t}p_{n-1}(t)\right).$$

递推计算可得

$$p_n(t) = \frac{(\lambda t)^n}{n!} e^{-\lambda t}. \tag{10.6}$$

这样的随机过程称为**时齐泊松过程**, 也称为**泊松计数过程**.

有另外一种看法, 把泊松过程称作泊松点过程: $\{T_k; k = 1, 2, \cdots\}$, 其中 T_k 是第 k 个事件到来的随机事件. $\{N(t); t \geqslant 0\}$ 和 $\{T_k; k = 1, 2, \cdots\}$ 都是随机过程, 但是一个是连续参数取离散值, 而另一个是离散参数取连续值.

T_k 的分布可以这样得到:

$$P(T_k > t) = P(N(t) < k) = \sum_{n=0}^{k-1} \frac{(\lambda t)^n}{n!} e^{-\lambda t}. \tag{10.7}$$

因此 T_k 的概率密度是

$$\begin{aligned} f_{T_k}(t) &= -\frac{\mathrm{d}}{\mathrm{d}t} \sum_{n=0}^{k-1} \frac{(\lambda t)^n}{n!} e^{-\lambda t} = -\sum_{n=0}^{k-1} \lambda \left[\frac{(\lambda t)^{n-1}}{(n-1)!} - \frac{(\lambda t)^n}{n!} \right] e^{-\lambda t} \\ &= \frac{\lambda(\lambda t)^{k-1}}{(k-1)!} e^{-\lambda t}. \end{aligned} \tag{10.8}$$

这是 $k-1$ 阶的 Γ 分布.

相邻两个事件之间的等待时间服从指数分布:

$$P(T_k - T_{k-1} > t) = p_0(t) = e^{-\lambda t}.$$

可见它与 k 无关. 更进一步, 我们注意到, k 个独立同分布的指数分布随机变量的和恰恰服从 $k-1$ 阶的 Γ 分布. 这说明各个等待时间之间是独立的.

指数分布还有一个重要的性质, 叫作**无记忆性**. 我们来考虑一个条件分布密度. 已知在时刻 t 该事件还没有发生的情况下, 它在接下来的一个无穷小区间 $(t, t+\tau)$ 内发生的概率为

$$\frac{P(t < T < t+\tau)}{P(T > t)} = \frac{g(t) - g(t+\tau)}{g(t)} = 1 - e^{-\lambda\tau} = \lambda\tau + o(\tau),$$

其中 $g(t) = e^{-\lambda t}$, 且右侧与时间参数 t 无关. 这就是无记忆性.

统计事实：这里推导泊松过程所用的假设是非常少的，这就是为什么这些结果对于非常多的情况都是成立的. 我们称这些为 "统计事实"，这是完全的另一种所谓 "机制"，即并非基于力学甚至物理学，而是完全依赖于概率和统计.

§10.4 单分子反应的随机模型简介

我们现在来看看化学反应的随机模型. 最简单的化学反应是单分子异构化反应，在蛋白质和酶的情况下也称作构象变化：

$$A \underset{k_2}{\overset{k_1}{\rightleftharpoons}} B. \tag{10.9}$$

10.4.1 质量作用定律

物质 A 的浓度 $c_A(t)$ 的变化满足

$$\frac{\mathrm{d}c_A(t)}{\mathrm{d}t} = -k_1 c_A(t) + k_2 c_B(t), \tag{10.10}$$

其中 $c_B(t)$ 是物质 B 的浓度，k_1 和 k_2 是一阶反应常数.

10.4.2 一阶反应的指数分布等待时间

现在生物物理单分子实验中可以在每个时刻看一个分子，所以为该系统建立数学模型时，再也不像以前一样讨论 "A 和 B 在时刻 t 的浓度"，取而代之的是讨论 "一个分子在时刻 t 处于状态 A 和 B 的概率". 也就是说，我们感兴趣的是 $p_A(t)$ 和 $p_B(t)$. 当然，$p_A(t) + p_B(t) = 1$.

我们可以先考虑最简单的一步化学反应，即一阶单分子反应 $A \overset{k_1}{\longrightarrow} B$. 前面我们提到的质量作用定律是宏观上的，而对于每个分子 A 来说，该反应的等待时间是随机的，有着一定的概率分布. 那么这二者又有何内在联系呢？

用 T 表示反应等待时间，它是一个连续的非负随机变量. 注意到其实 $g(t) = P(T > t)$ 乘以初始时 A 的总浓度 $c_A(0)$，就是在时刻 t 还没有转变成 B 的 A 的浓度 $c_{\bar{A}}(t)$(这里不包括那些转变成 B 后又变回 A 的). 因为 $c_{\bar{A}}(t)$ 满足

$$\frac{\mathrm{d}c_{\bar{A}}(t)}{\mathrm{d}t} = -k_1 c_{\bar{A}}(t),$$

所以 $g(t)$ 满足

$$\frac{\mathrm{d}g(t)}{\mathrm{d}t} = -k_1 g(t), \quad \text{且} \quad g(0) = 1.$$

其解为

$$g(t) = \mathrm{e}^{-k_1 t}, \tag{10.11}$$

于是 T 的概率密度为

$$f_T(t) = \frac{\mathrm{d}}{\mathrm{d}t}\left(1 - g(t)\right) = k_1 \mathrm{e}^{-k_1 t}. \tag{10.12}$$

这是参数为 $\lambda = k_1$ 的标准指数分布概率密度.

10.4.3 单分子反应的化学主方程

每个 A 分子需要等待一个参数为 k_1 的指数分布时间后才会变成 B, 而同样的, 每个 B 分子需要等待一个参数为 k_2 的指数分布时间后才会变成 A. 因此, 在一个很短的时间 h 内, $p_A(t+h) = p_A(t)\mathrm{e}^{-k_1 h} + p_B(t)(1 - \mathrm{e}^{-k_2 h}) + o(h)$. 所以, 虽然单分子化学反应 (10.9) 的过程是随机的、离散的 (即分子在状态 A 或 B), 但是其概率 $p_A(t)$ 是确定性的连续函数, 它满足方程

$$\frac{\mathrm{d}p_A(t)}{\mathrm{d}t} = -k_1 p_A(t) + k_2 p_B(t). \tag{10.13}$$

我们发现, 如果令 $c_A = c_{\text{tot}} p_A$, $c_B = c_{\text{tot}} p_B$ 的话, 其中 c_{tot} 是总浓度, (10.13) 式就是质量作用定律. 因此, 方程 (10.13) 其实就是质量作用定律的亚宏观版本.

对于概率 $p_A(t)$ 和 $p_B(t)$ 满足的微分方程组, 可以写成矩阵形式:

$$\frac{\mathrm{d}}{\mathrm{d}t}(p_A, p_B) = (p_A, p_B)\boldsymbol{M}, \quad \boldsymbol{M} = \begin{pmatrix} -k_1 & k_1 \\ k_2 & -k_2 \end{pmatrix}. \tag{10.14}$$

该方程被物理学家称为**化学主方程**, 被数学家称为 **Kolmogorov 前进方程**. 矩阵 $\boldsymbol{M}$ 称作该过程的**转移速率矩阵** (或无穷小转移概率矩阵).

转移速率矩阵满足两个基本性质:

(1) 对角线之外的元素非负；

(2) 每行元素和为零.

方程 (10.14) 的解可以用矩阵指数函数来表示：

$$e^{Mt} = \begin{pmatrix} p_A(t|A) & p_B(t|A) \\ p_A(t|B) & p_B(t|B) \end{pmatrix}, \qquad (10.15)$$

其中 $p_\alpha(t|\beta)$ $(\alpha, \beta = A, B)$ 是分子在给定时刻 0 的状态为 β 的条件下，在时刻 t 处于状态 α 的概率. 这实际上就是该马尔可夫过程的转移概率矩阵.

直接从化学主方程出发，我们也可以得到单个化学反应 $A \to B$ 和 $B \to A$ 的等待时间的分布. 这里要稍微用到一点数学技巧.

设 τ 是化学反应 $A \to B$ 发生的等待时间，则

$$\begin{aligned} P(\tau \geqslant t | X(0) = A) &= \lim_{n \to \infty} P\left(X\left(\frac{k}{n}t\right) = A, k = 1, 2, \cdots, n | X(0) = A \right) \\ &= \lim_{n \to \infty} \left(p_A\left(\frac{t}{n}\Big|A\right) \right)^n \\ &= \lim_{n \to \infty} \left(1 - k_1\frac{t}{n} + o\left(\frac{1}{n}\right) \right)^n = e^{-k_1 t}, \end{aligned} \qquad (10.16)$$

所以化学反应 $A \to B$ 的等待时间具有指数分布，其均值为 $1/k_1$. 同样，化学反应 $B \to A$ 的等待时间是均值为 $1/k_2$ 的指数分布.

10.4.4 平稳分布和平稳过程

我们对于 e^{Mt} 的行为很感兴趣. 很明显，当 $t = 0$ 时，它是单位矩阵，那么当 $t \to \infty$ 时呢? 我们可以把矩阵 M 对角化成 Λ，其中

$$\Lambda = \begin{pmatrix} \lambda_1 & 0 \\ 0 & \lambda_2 \end{pmatrix},$$

则 $M = Q\Lambda Q^{-1}$，其中 Q 是变换矩阵，由 M 的特征向量组成. 于是

$$e^{Mt} = Qe^{\Lambda t}Q^{-1} = Q\begin{pmatrix} e^{\lambda_1 t} & 0 \\ 0 & e^{\lambda_2 t} \end{pmatrix} Q^{-1}, \qquad (10.17)$$

其中 $\lambda_1 = 0$，$\lambda_2 = -(k_1 + k_2)$，变换矩阵 (由左、右特征向量组成) 为

$$\boldsymbol{Q} = \begin{pmatrix} 1 & k_1 \\ 1 & -k_2 \end{pmatrix}, \quad \boldsymbol{Q}^{-1} = \begin{pmatrix} \dfrac{k_2}{k_1 + k_2} & \dfrac{k_1}{k_1 + k_2} \\[3mm] \dfrac{1}{k_1 + k_2} & -\dfrac{1}{k_1 + k_2} \end{pmatrix}. \quad (10.18)$$

因此

$$\lim_{t \to \infty} \mathrm{e}^{\boldsymbol{M}t} = \begin{pmatrix} \dfrac{k_2}{k_1 + k_2} & \dfrac{k_1}{k_1 + k_2} \\[3mm] \dfrac{k_2}{k_1 + k_2} & \dfrac{k_1}{k_1 + k_2} \end{pmatrix}. \quad (10.19)$$

这意味着，对于任意的初分布 $(p_{\mathrm{A}}(0), p_{\mathrm{B}}(0))$，$(p_{\mathrm{A}}(t), p_{\mathrm{B}}(t))$ 当时间趋于无穷的时候会趋于一个固定的分布 $\left(\dfrac{k_2}{k_1 + k_2}, \dfrac{k_1}{k_1 + k_2} \right)$，这恰好是 $\boldsymbol{M}$ 对应于特征值零的左特征向量. 该分布称作**平稳分布**，平稳即意味着如果我们从这个分布出发，分布将不会随时间变化；而如果从别的分布出发，则该系统当时间趋于无穷的时候会最终趋于该平稳分布.

我们现在引入平稳随机过程的概念. 如果我们用平稳分布作为初分布，而 $\mathrm{e}^{\boldsymbol{M}t}$ 作为转移概率矩阵，那么就可以得到一个从统计意义上来说不再随时间改变的随机过程. 但是，如果为该随机过程抽样的话，仍然会得到一条波动的充满噪音的轨道. 实验上，这正是我们能从中得到随机过程信息的地方，只需要看着它变动，而不必加上任何额外的干扰.

10.4.5　随机轨道的统计分析

有两种不同的方式来为随机动力学建模：一种是利用真正的随机轨道，另一种是处理轨道的概率. (10.13) 式就是后者，那么前者呢？

图 10.6 是化学反应 (10.13) 的典型轨道. 这种数据就是生物物理学家在细胞膜蛋白单分子记录实验和可溶的单分子酶动力学实验中所能得到的.

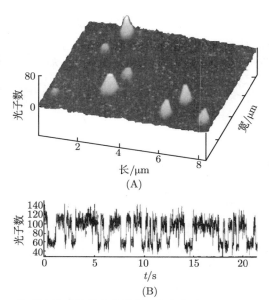

图 10.6 典型单分子构象变化轨道. 来自文献: Lu H Peter, Xun Luying, Xie X Sunney. Single molecule enzymatic dynamics. Science, 1998, 282: 1877

对这类数据有一些标准的统计分析方法. 统计分析的目的是得到和具体轨道无关的量，即是动力学内在的性质. 例如, A 和 B 的生存时间 (即反应等待时间). 我们也能计算所谓的样本自相关函数:

$$\hat{G}(\tau) = \frac{1}{T}\int_0^T X(t)X(t+\tau)\mathrm{d}t - \left(\frac{1}{T}\int_0^T X(t)\mathrm{d}t\right)^2, \qquad (10.20)$$

其中 $X(t)$ 是分子状态的稳定测量量，比如通道的电容或酶的荧光量.

理论上来说，怎么才能得到 $G(\tau) = \lim\limits_{T\to\infty} \hat{G}(\tau)$ 呢？为此，我们注意到 (10.20) 式中的两项实际上正是下面两个量的统计测量量:

$$\frac{1}{T}\int_0^T X(t)\mathrm{d}t \to \langle X(t)\rangle, \quad T\to\infty, \qquad (10.21a)$$

$$\frac{1}{T}\int_0^T X(t)X(t+\tau)\mathrm{d}t \to \langle X(0)X(\tau)\rangle, \quad T\to\infty. \qquad (10.21b)$$

注意上式右边都是在平稳过程中取的均值 (期望).

为了理论上来计算 (10.21) 式的右边, 设 X_A 和 X_B 分别是状态 A 和 B 的信号, 则有

$$\langle X \rangle = p_A^{ss} X_A + p_B^{ss} X_B = \frac{k_2 X_A + k_1 X_B}{k_1 + k_2}. \qquad (10.22)$$

其中 p_A^{ss} 和 p_B^{ss} 是状态 A 和 B 的平稳概率分布. 而

$$\begin{aligned}
\langle X(0)X(\tau) \rangle &= \sum_{\alpha=A,B} \sum_{\beta=A,B} X_\alpha X_\beta P(X(0) = X_\alpha, X(\tau) = X_\beta) \\
&= \sum_{\alpha=A,B} \sum_{\beta=A,B} X_\alpha X_\beta p_\beta(\tau|\alpha) p_\alpha^{ss} \\
&= (X_A p_A^{ss}, X_B p_B^{ss}) e^{M\tau} \begin{pmatrix} X_A \\ X_B \end{pmatrix}. \qquad (10.23)
\end{aligned}$$

经计算得 (见习题)

$$G(\tau) = (X_A - X_B)^2 p_A^{ss} p_B^{ss} e^{-(k_1+k_2)\tau}, \qquad (10.24)$$

可发现 $G(\tau)$ 比 A 和 B 的生存时间衰减得都快.

§10.5 具有产生和降解的简单非单分子化学反应系统

(10.9) 式中的简单化学反应没有输入和输出, 它是一个闭的化学系统. 一个细胞不可能是闭化学反应系统——那将是死亡. 现在让我们来考虑一个有源和汇的简单化学反应系统:

$$源 \xrightarrow{J} X \xrightarrow{k} 汇, \qquad (10.25)$$

其中源有一个稳定的流入 J, 表示单位时间产生的分子个数, 而 k 是通常的一阶降解速率. 从随机轨道角度来讲, 该系统每等待一个参数为 J 的指数分布时间就会产生一个 X 分子, 而每个 X 分子在等待一个参数为 k 的指数分布时间后会被降解掉.

对于这个系统来说, 其状态的描述不再是某个 X 分子所处的状态, 而应该是 X 分子的个数. 用整数值随机变量 N 表示系统中 X 的

分子数, 其概率分布为 $p_n(t) = P(N(t) = n)$. 因为从状态 n 到 $n-1$ 需等待一个参数为 nk 的指数分布时间, 而从状态 n 到 $n+1$ 需等待一个参数为 J 的指数分布时间 (图 10.7). 所以

$$\frac{\mathrm{d}p_n(t)}{\mathrm{d}t} = -nkp_n(t) + (n+1)kp_{n+1}(t) + Jp_{n-1}(t) - Jp_n(t) \tag{10.26}$$
$$(n = 0, 1, 2, \cdots).$$

这是最简单的化学主方程. 于是, 令

$$\frac{\mathrm{d}p_n(t)}{\mathrm{d}t} = 0$$

就可以得到定态分布.

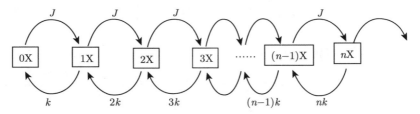

图 10.7 简单化学主方程的图表示

注意到 $kp_1^{\mathrm{ss}} - Jp_0^{\mathrm{ss}} = 0$ (可用递推), 因此得到

$$\frac{p_{n+1}^{\mathrm{ss}}}{p_n^{\mathrm{ss}}} = \frac{J}{(n+1)k}, \quad p_n^{\mathrm{ss}} = \frac{1}{n!}\left(\frac{J}{k}\right)^n \mathrm{e}^{-J/k}. \tag{10.27}$$

这是均值为 J/k 的泊松分布, 其均值和从通常的质量作用定律所得到的一致:

$$\frac{\mathrm{d}c_{\mathrm{X}}}{\mathrm{d}t} = -kc_{\mathrm{X}} + \frac{J}{V}, \quad c_{\mathrm{X}}^{\mathrm{ss}} = \frac{J}{kV}. \tag{10.28}$$

§10.6 一般连续时间马尔可夫链简介

连续时间马尔可夫链是泊松过程的一种推广, 它的概率演化方程就是所谓的 "主方程"(图 10.8).

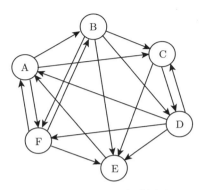

图 10.8　马尔可夫链图示

10.6.1　基本定义与性质

设 $X = \{X_t; t \geqslant 0\}$ 是连续时间参数的有限状态马尔可夫链, 其转移概率满足

$$p_{ij}(t) = P(X_t = j | X_0 = i) = P(X_{t+s} = j | X_s = i). \tag{10.29}$$

利用矩阵写法, 设 $\boldsymbol{P}(t) = \{p_{ij}(t)\}_{N \times N}$, 因此 $\boldsymbol{P}(0) = \boldsymbol{I}$ (单位矩阵). 我们还假设

$$\boldsymbol{P}(t + s) = \boldsymbol{P}(t)\boldsymbol{P}(s).$$

这就是**马氏性**, 也称**无记忆性**. 所谓**马氏性**指的是

$$P(X_{t+s} = j | X_s = i_s, \cdots, X_0 = i_0) = P(X_{t+s} = j | X_s = i_s) = p_{i_s j}(t),$$

即将来只与现在有关, 而与过去无关. 我们还要求 $\lim\limits_{t \to 0^+} \boldsymbol{P}(t) = \boldsymbol{I}$ (连续性). (思考: 为什么 $\boldsymbol{P}(t + s) = \boldsymbol{P}(t)\boldsymbol{P}(s)$ 等价于马氏性?)

可以证明, 矩阵 $\boldsymbol{Q} = \dfrac{\mathrm{d}\boldsymbol{P}(t)}{\mathrm{d}t}\bigg|_{t=0}$ 存在, 而且 $\boldsymbol{P}(t) = \mathrm{e}^{t\boldsymbol{Q}} = \sum\limits_{n=0}^{\infty} \dfrac{(t\boldsymbol{Q})^n}{n!}$.
我们就有

$$\boldsymbol{P}(t + \mathrm{d}t) - \boldsymbol{P}(t) = \boldsymbol{P}(t)(\boldsymbol{P}(\mathrm{d}t) - \boldsymbol{P}(0)) = (\boldsymbol{P}(\mathrm{d}t) - \boldsymbol{P}(0))\boldsymbol{P}(t),$$

两边除以 dt 则可以得到 Kolmogorov 前进和后退方程

$$\frac{\mathrm{d}\boldsymbol{P}(t)}{\mathrm{d}t} = \boldsymbol{P}(t)\boldsymbol{Q} = \boldsymbol{Q}\boldsymbol{P}(t). \tag{10.30}$$

设初始分布为 $\boldsymbol{\rho}(0)$(行向量),则时刻 t 的状态的分布为 $\boldsymbol{\rho}(t) = \boldsymbol{\rho}(0)\boldsymbol{P}(t)$(全概公式). 因此有主方程 (即质量守恒,也称为 Fokker-Planck 方程)

$$\frac{\mathrm{d}\boldsymbol{\rho}(t)}{\mathrm{d}t} = \boldsymbol{\rho}(t)\boldsymbol{Q},$$

即

$$\frac{\mathrm{d}\rho_i(t)}{\mathrm{d}t} = \sum_j \rho_j(t)q_{ji} = \sum_{j \neq i} \left(\rho_j(t)q_{ji} - \rho_i(t)q_{ij}\right), \tag{10.31}$$

其中对一切 i,有 $q_{ii} = -\sum_{j \neq i} q_{ij}$.

停时:停时 τ 是一个非负随机变量,满足对于任意的 $t \geqslant 0, \{\tau \leqslant t\}$ 发生与否完全由 $\{X_s : 0 \leqslant s \leqslant t\}$ 决定,比如从某状态 i 出发,第一次到达状态 j 的时刻 (首达时).

强马氏性:强马氏性指的是可以把一般马氏性中的固定时刻 s 换成停时 τ,即

$$P(X_{t+\tau} = j | X_\tau = i_\tau, \cdots, X_0 = i_0) = P(X_{t+\tau} = j | X_\tau = i_\tau) = p_{i_\tau j}(t). \tag{10.32}$$

强马氏性对于很多有关的计算至关重要.

不变分布 (平稳分布):注意到当某一个状态分布 $\boldsymbol{\mu}$ 使得 $\boldsymbol{\mu}\boldsymbol{Q} = 0$ 时,以该分布为初始分布的马尔可夫链的分布是不变的,这时称马尔可夫链的分布为**不变分布**或**平稳分布**,该随机过程称为平稳过程,即其统计性质平移不变.

自组织现象 (self-organization):在很弱的条件下,无论从哪个初始分布出发,该马尔可夫链的分布最终会趋于不变分布.

10.6.2 转移速率矩阵的概率意义

对于马尔可夫链,如果仅仅从概率分布演化的主方程角度来考虑,那么就和采用最简单的线性常微分方程没有任何区别. 作为随机过程,我们更关心马尔可夫链的随机轨道性质. 那么首先就是它的随机轨道

到底是根据什么规则来产生的, 我们知道了这个之后至少就可以进行数值模拟了. 这部分工作应该归功于伟大的概率学家 Kolmogorov.

马尔可夫链的轨道一定是阶梯函数, 即在一个状态待一段时间后才跳跃到另外一个状态, 所以关键的问题就有两个:

(1) 在某状态 i 停留时间的分布是什么?

(2) 最终如何选择跳跃到哪个状态?

设等待时间 $\tau = \inf\{t > 0 : X_t \neq X_0\}$. 下面是关键定理:

(1) $P(\tau \geqslant t | X_0 = i) = \mathrm{e}^{-q_i t}$, $P(\tau < \infty) = 1$, $q_i = -q_{ii} = \sum_{j \neq i} q_{ij} > 0$;

(2) $P(X_\tau = j, \tau \leqslant s | X_0 = i) = (1 - \mathrm{e}^{-q_i s}) \dfrac{q_{ij}}{q_i}$;

(3) $P(X_\tau = j | X_0 = i) = \dfrac{q_{ij}}{q_i}$. $\hspace{2cm}$ (10.33)

该定理告诉我们:

(1) 在某状态 i 停留时间的分布是指数分布, 其参数为 q_i;

(2) 最终根据 q_{ij} 的比例来选择所跳跃到的状态;

(3) 在状态 i 的停留时间与以状态 i 跳跃到哪个其他状态是独立的! 根据此定理建立的算法就是著名的 Gillespie 算法 (图 10.9).

遍历定理: 从任意初分布出发, 我们可以得到

$$
\begin{aligned}
\lim_{t \to \infty} \frac{1}{t} \int_0^t f(X_s) \mathrm{d}s &= \lim_{t \to \infty} \left\langle \frac{1}{t} \int_0^t f(X_s) \mathrm{d}s \right\rangle \\
&= \lim_{t \to \infty} \frac{1}{t} \int_0^t \sum_i f(i) P(X_s = i) \mathrm{d}s \\
&= \lim_{t \to \infty} \sum_i f(i) \frac{1}{t} \int_0^t P(X_s = i) \mathrm{d}s \\
&= \sum_i f(i) \mu_i.
\end{aligned} \hspace{1cm} (10.34)
$$

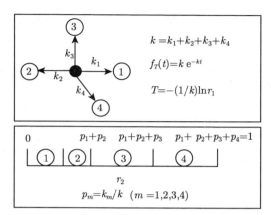

图 10.9 Gillespie 算法: 如何根据主方程计算一个化学反应随机轨道的 Monte Carlo 模拟方法. 生成两个随机变量 r_1 与 r_2, 它们均服从区间 $[0,1]$ 上的均匀分布, 用以模拟每一次随机跳跃: r_1 决定什么时候跳, r_2 决定跳去哪个状态. 在上方的矩形框给定的主方程图中, 共有 4 个向外的反应, 分别标记 $1 \sim 4$, 每个都有其相关联的速率常数 k_i ($i = 1, 2, 3, 4$). 上方和下方的矩形框, 分别解释了随机跳跃的时刻 T 的计算方法和跳去状态 m 的概率 p_m

习 题

1. 推导麦克斯韦–波尔兹曼分布中的速率分布:

$$p(v) = \sqrt{\frac{2}{\pi}\left(\frac{m}{k_B T}\right)^3}\, v^2 \exp\left(-\frac{mv^2}{2k_B T}\right).$$

2. 证明: 泊松分布

$$p(n) = \frac{\gamma^n}{n!}\mathrm{e}^{-\gamma}$$

是二项分布

$$p(n) = \frac{N!}{n!(N-n)!}p^n(1-p)^{N-n}$$

在 $N \to \infty, p \to 0$ 和 $Np \to \gamma$ 条件下的极限.

3. 详细计算 §10.4 中的自相关函数 (10.24):

$$G(\tau) = (X_A - X_B)p_A^{\mathrm{ss}}p_B^{\mathrm{ss}}\mathrm{e}^{-(k_1+k_2)\tau}.$$

第十一章　随机单分子酶动力学与化学 非平衡定态随机理论

　　20 世纪 90 年代中期以来，由于单分子实验技术的快速发展，在实验中追踪单个分子已经成为可能. 但是，在为单分子动力学建模的时候，确定性模型已经完全失效了，因为在实验中能清楚地观测到噪声的干扰，也就是随机性此时占据了主导地位. 所以单分子生物化学，特别是酶动力学就应该在随机过程的基础上建立模型来解释和分析实验现象以及它和经典酶动力学的关系.

　　单分子酶动力学蓬勃发展的这十几年，也正是其生化理论与数学模型共同发展、相得益彰的时期. 在此期间，哈佛大学化学与生物化学系谢晓亮组的工作尤为出色. 我们这里主要介绍的就是他们提出的随机米氏酶动力学理论及其推广. 我们不仅仅讨论其中的动力学性质，更要比较仔细地讨论其中的化学非平衡定态随机理论.

§11.1　单分子米氏酶动力学随机理论

11.1.1　产物等待时间的具体分布

单分子 Michaelis-Menten 动力学模型的形式如下:

$$E + S \underset{k_{-1}}{\overset{k_1}{\rightleftharpoons}} ES \xrightarrow{k_2} E + P, \tag{11.1}$$

为了计算单个酶分子从自由状态 E 开始，直至有一个产物分子 P 生成的等待时间 T 的概率密度 $f_T(t)$，我们需要在初条件

$$p_E(0) = 1, \quad p_{ES}(0) = 0 \tag{11.2}$$

下解常微分方程系统

$$\frac{\mathrm{d}p_E(t)}{\mathrm{d}t} = -k_1[S]p_E + k_{-1}p_{ES},$$

$$\frac{\mathrm{d}p_{ES}(t)}{\mathrm{d}t} = k_1[S]p_E - (k_{-1} + k_2)p_{ES}, \tag{11.3}$$

$$f_T(t) = k_2 p_{ES},$$

这里 p_E 和 p_{ES} 分别表示在有一个产物分子生成之前酶分子处于 E 状态和 ES 状态的概率, 而最后一个等式成立是因为

$$P(\text{在 } t \text{ 时刻前已经有一个 S 分子被催化反应成了 P 分子})$$
$$= \int_0^t f_T(s)\mathrm{d}s = 1 - (p_E(t) + p_{ES}(t)).$$

线性常微分方程系统 (11.3) 有两个特征值 $-\lambda_{1,2}$:

$$\lambda_{1,2} = \frac{(k_1[S] + k_{-1} + k_2) \pm \sqrt{(k_1[S] + k_{-1} + k_2)^2 - 4k_1k_2[S]}}{2}, \tag{11.4}$$

$\lambda_{1,2} > 0$, 因此常微分方程系统 (11.3) 的解可写成

$$f_T(t) = a_1\mathrm{e}^{-\lambda_1 t} + a_2\mathrm{e}^{-\lambda_2 t}. \tag{11.5}$$

再根据初条件 ($f_T(0) = 0$, $f_T'(0) = k_1k_2[S] = \lambda_1\lambda_2$), 可得 T 的概率密度

$$f_T(t) = \frac{\lambda_1\lambda_2\left(\mathrm{e}^{-\lambda_1 t} - \mathrm{e}^{-\lambda_2 t}\right)}{\lambda_2 - \lambda_1}. \tag{11.6}$$

(思考: 如果 $\lambda_1 = \lambda_2$, 那么 $f_T(t)$ 等于多少?)

产物分子 P 生成的等待时间 T 的均值为

$$\frac{\lambda_1 + \lambda_2}{\lambda_1\lambda_2} = \frac{k_1[S] + (k_{-1} + k_2)}{k_1k_2[S]},$$

其倒数正好就是第三章中所讲的米氏方程.

如果一个特征值比另一个大很多, 即 $\lambda_2 \gg \lambda_1$, 那么有

$$f_T(t) \approx \lambda_1\mathrm{e}^{-\lambda_1 t}, \tag{11.7}$$

是指数型的. 这就是生物化学家称的只有一个限速步骤 (only one rate-limiting step). 在这种情况下, 连续的产物到达的是简单的强度为 λ_1

的泊松过程. 此时与 S → P 这样的一阶单分子反应是无法区分的, 除非极大地提高测量精确度.

一般来说, 等待时间的分布不是单指数的, 它会包含酶动力学机制的很多具体信息, 例如 (11.6) 式 (图 11.1).

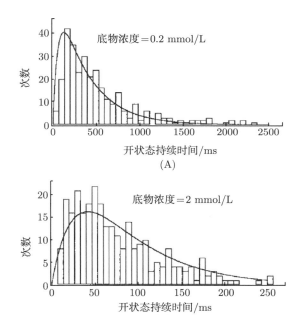

图 11.1 多指数分布. 来自文献: Lu H Peter, Xun Luying, Xie X Sunney. Single molecule enzymatic dynamics. Science, 1998, 282: 1877

11.1.2 环流和非平衡定态

我们下面考虑一个三状态可逆 Michaelis-Menten 酶动力学模型 (图 11.2(A)):

$$\mathrm{E} + \mathrm{S} \underset{k_{-1}}{\overset{k_1^o}{\rightleftharpoons}} \mathrm{ES} \underset{k_{-2}}{\overset{k_2}{\rightleftharpoons}} \mathrm{EP} \underset{k_{-3}^o}{\overset{k_3}{\rightleftharpoons}} \mathrm{E} + \mathrm{P}. \tag{11.8}$$

如果只有一个酶分子, 则从酶的角度来看, 其动力学是随机环状运动, 正如图 11.2(A) 所示, 其中 $k_1 = k_1^o[\mathrm{S}]$ 和 $k_{-3} = k_{-3}^o[\mathrm{P}]$ 是拟一阶反应常数，而 [S] 和 [P] 分别是底物 S 和 P 的固定浓度.

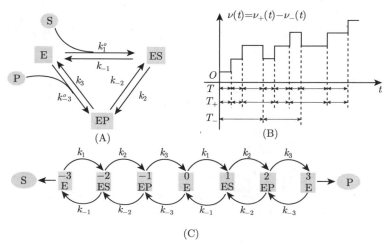

图 11.2 (A) 三状态可逆米氏酶动力学模型，其中 k_1^o 和 k_{-3}^o 是二阶反应常数; (B) 单分子酶动力学的理想数据，其中 $\nu_+(t), \nu_-(t)$ 分别是到时刻 t 为止，图 11.2(A) 中正向环 (顺时针) 和逆向环 (逆时针) 完成的次数，实线表示单分子酶动力学的理想数据，并区分 T, T_+ 和 T_-; (C) 为了区分正向和逆向环，可将三状态单分子酶动力学转化成带吸收壁的一维随机游动模型

如果 [S] 和 [P] 也是可以自由变化的，那么很容易证明，该系统最后的定态必为化学平衡态，每个反应都没有净流，此时 S 和 P 的平衡浓度 $[S]^{eq}$ 和 $[P]^{eq}$ 满足 $\dfrac{[P]^{eq}}{[S]^{eq}} = \dfrac{k_1^o k_2 k_3}{k_{-1}k_{-2}k_{-3}^o}$，即

$$\frac{k_1 k_2 k_3}{k_{-1}k_{-2}k_{-3}} = 1. \tag{11.9}$$

这在基础化学中称为**细致平衡条件**.

但是，如果 [S] 和 [P] 被保持在不满足细致平衡条件的数值上，正如细胞中的代谢物浓度那样，那么该酶反应会趋于非平衡定态 (开放系统). 在这种情况下，有

$$\gamma \stackrel{\text{def}}{=\!=} \frac{k_1 k_2 k_3}{k_{-1}k_{-2}k_{-3}} \neq 1. \tag{11.10}$$

这时称 $\Delta\mu = k_B T \ln\gamma$ 为该环形系统的**化学自由能**.

对于这样一个亚宏观系统, 可以定义 μ_i 为物质 i 的自由能 (化学势), $i =$ E, ES, EP, S 和 P. 由热力学基本性质可以得到每个化学反应中反应物与生成物的化学势差

$$\Delta\mu_1 = \mu_E + \mu_S - \mu_{ES} = \Delta\mu_1^o + k_B T \ln \frac{[E][S]}{[ES]},$$

$$\Delta\mu_2 = \mu_{ES} - \mu_{EP} = \Delta\mu_2^o + k_B T \ln \frac{[ES]}{[EP]},$$

$$\Delta\mu_3 = \mu_{EP} - \mu_E - \mu_P = \Delta\mu_3^o + k_B T \ln \frac{[EP]}{[E][P]},$$

其中

$$\Delta\mu_1^o = k_B T \ln \frac{k_1^o}{k_{-1}}, \quad \Delta\mu_2^o = k_B T \ln \frac{k_2}{k_{-2}}, \quad \Delta\mu_3^o = k_B T \ln \frac{k_3}{k_{-3}^o}.$$

在只有一个酶分子的情况下, [E], [ES], [EP] 将被该分子处于状态 E, ES, EP 的概率 p_E, p_{ES}, p_{EP} 所代替.

所以

$$\Delta\mu_1^o + \Delta\mu_2^o + \Delta\mu_3^o = k_B T \ln \frac{k_1^o k_2 k_3}{k_{-1} k_{-2} k_{-3}^o}.$$

于是

$$\Delta\mu = \Delta\mu_1 + \Delta\mu_2 + \Delta\mu_3 = \mu_S - \mu_P,$$

这就是非平衡定态系统中的能量均衡.

从单个酶分子的角度来看, 状态的概率 $p_E(t)$, $p_{ES}(t)$ 和 $p_{EP}(t)$ 满足主方程

$$\frac{dp_E(t)}{dt} = -(k_1 + k_{-3})p_E(t) + k_{-1}p_{ES}(t) + k_3 p_{EP}(t),$$

$$\frac{dp_{ES}(t)}{dt} = k_1 p_E(t) - (k_{-1} + k_2)p_{ES}(t) + k_{-2}p_{EP}(t),$$

$$\frac{dp_{EP}(t)}{dt} = k_{-3}p_E(t) + k_2 p_{ES}(t) - (k_{-2} + k_3)p_{EP}(t). \tag{11.11}$$

状态 E, ES 和 EP 的定态概率 p_E^{ss}, p_{ES}^{ss} 和 p_{EP}^{ss} 可以通过简单地令上式右边等于零并注意到 $p_E + p_{ES} + p_{EP} = 1$ 得到:

$$p_E^{ss} = \frac{k_2 k_3 + k_{-1}k_3 + k_{-1}k_{-2}}{k_1 k_2 + k_2 k_3 + k_3 k_1 + k_{-1}k_{-3} + k_{-2}k_{-3} + k_{-1}k_{-2} + k_1 k_{-2} + k_2 k_{-3} + k_3 k_{-1}},$$

$$p_{ES}^{ss} = \frac{k_1 k_3 + k_{-2}k_{-3} + k_1 k_{-2}}{k_1 k_2 + k_2 k_3 + k_3 k_1 + k_{-1}k_{-3} + k_{-2}k_{-3} + k_{-1}k_{-2} + k_1 k_{-2} + k_2 k_{-3} + k_3 k_{-1}},$$

$$p_{\text{EP}}^{\text{ss}} = \frac{k_1 k_2 + k_2 k_{-3} + k_{-1} k_{-3}}{k_1 k_2 + k_2 k_3 + k_3 k_1 + k_{-1} k_{-3} + k_{-2} k_{-3} + k_{-1} k_{-2} + k_1 k_{-2} + k_2 k_{-3} + k_3 k_{-1}}.$$

(11.12)

于是图 11.2(A) 中的顺时针净环流量 (即 S → P 的速率) 为 $J^{\text{ss}} = p_{\text{E}}^{\text{ss}} k_1 - p_{\text{ES}}^{\text{ss}} k_{-1} = p_{\text{ES}}^{\text{ss}} k_2 - p_{\text{EP}}^{\text{ss}} k_{-2} = p_{\text{EP}}^{\text{ss}} k_3 - p_{\text{E}}^{\text{ss}} k_{-3}$, 即

$$J^{\text{ss}} = \frac{k_1 k_2 k_3 - k_{-1} k_{-2} k_{-3}}{k_1 k_2 + k_2 k_3 + k_3 k_1 + k_{-1} k_{-3} + k_{-2} k_{-3} + k_{-1} k_{-2} + k_1 k_{-2} + k_2 k_{-3} + k_3 k_{-1}}$$
$$= J_+^{\text{ss}} - J_-^{\text{ss}},$$

(11.13)

其中

$$J_+^{\text{ss}} = \frac{k_1 k_2 k_3}{k_1 k_2 + k_2 k_3 + k_3 k_1 + k_{-1} k_{-3} + k_{-2} k_{-3} + k_{-1} k_{-2} + k_1 k_{-2} + k_2 k_{-3} + k_3 k_{-1}}$$

称为**正向环流**, 而

$$J_-^{\text{ss}} = \frac{k_{-1} k_{-2} k_{-3}}{k_1 k_2 + k_2 k_3 + k_3 k_1 + k_{-1} k_{-3} + k_{-2} k_{-3} + k_{-1} k_{-2} + k_1 k_{-2} + k_2 k_{-3} + k_3 k_{-1}}$$

称为**逆向环流**.

净环流量 J^{ss} 就是单分子酶动力学模型 (11.8) 的 Michaelis-Menten 定态流量 v (单位时间内的平均产物量, 其单位是浓度 × 时间$^{-1}$), 即 (见习题)

$$J^{\text{ss}} = v = \frac{v_{\text{S}} \dfrac{[\text{S}]}{K_{\text{MS}}} - v_{\text{P}} \dfrac{[\text{P}]}{K_{\text{MP}}}}{1 + \dfrac{[\text{S}]}{K_{\text{MS}}} + \dfrac{[\text{P}]}{K_{\text{MP}}}},$$

其中最大速率为

$$v_{\text{S}} = \frac{k_2 k_3}{k_{-2} + k_2 + k_3}, \quad v_{\text{P}} = \frac{k_{-1} k_{-2}}{k_{-2} + k_2 + k_{-1}},$$

(11.14)

米氏常数为

$$K_{\text{MS}} = \frac{k_{-1} k_{-2} + k_{-1} k_3 + k_2 k_3}{k_1^o (k_{-2} + k_2 + k_3)}, \quad K_{\text{MP}} = \frac{k_{-1} k_{-2} + k_{-1} k_3 + k_2 k_3}{(k_{-2} + k_2 + k_{-1}) k_{-3}^o}.$$

(11.15)

另一方面，J_+^{ss} 和 J_-^{ss} 能通过遍历定理被严格地证明等于单位时间内完成正向环和逆向环的平均次数，即

$$J^{ss} = \lim_{t \to \infty} \frac{1}{t} \nu(t),$$
$$J_+^{ss} = \lim_{t \to \infty} \frac{1}{t} \nu_+(t), \qquad (11.16)$$
$$J_-^{ss} = \lim_{t \to \infty} \frac{1}{t} \nu_-(t),$$

其中 $\nu_+(t)$ 和 $\nu_-(t)$ 是到时刻 t 为止完成的正向环和逆向环的次数，并令 $\nu(t) = \nu_+(t) - \nu_-(t)$.

参数 γ 可以在单分子实验中通过 t 充分大时的 $\frac{\nu_+(t)}{\nu_-(t)}$ 近似得到，这是因为 $\gamma = \frac{J_+^{ss}}{J_-^{ss}}$. 于是 $J_+^{ss} = J_-^{ss}$（即 $\gamma = 1$）等价于该系统处于化学平衡态.

11.1.3 平均环等待时间

单分子轨道最明显的特征是其随机性，实验中记录下的荧光开、关的持续时间分别对应于正向和逆向催化反应的等待时间. 一旦得到了轨道的统计数据，最直接可以得到的就是开、关时间的分布，所以在我们的理论模型中，首先需要定义环等待时间并计算其均值的表达式.

在图 11.2(A) 中，酶分子从自由态 E 出发，可以定义三种环等待时间：T 表示从状态 E 出发，直到完成一个正向环或逆向环的等待时间；T_+ 表示从状态 E 出发，直到完成一个正向环的等待时间；T_- 表示从状态 E 出发，直到完成一个逆向环的等待时间. 显然有 $T = \min\{T_+, T_-\}$.

在实验数据的统计分析上，需要特别注意的是严格区分环等待时间 T，T_+ 和 T_- 的数据. 在非平衡定态的情况下，$\langle T_+ \rangle$ 和 $\langle T_- \rangle$ 并不相等，而且都严格大于 $\langle T \rangle$. 图 11.2(B) 是一个简单的图示例子.

计算平均环等待时间 $\langle T \rangle$ 的问题可以转化成首达时方法在一维随机游动模型 (图 11.2(C)) 中的应用.

令 τ_i 表示图 11.2(C) 中从状态 i ($i = 0, \pm 1, \pm 2, \pm 3$, 它们分别表示图中其下面的状态, 如 -3 表示状态 E) 出发, 首次到达状态 3 或 -3 的平均时间. 很明显, 有 $\langle T \rangle = \tau_0$ 和 $\tau_3 = \tau_{-3} = 0$. 我们需要得到 $\{\tau_i\}$ 满足的方程. 从状态 i 出发, 等待一个均值为 $\dfrac{1}{q_{i,i-1} + q_{i,i+1}}$ 的指数分布时间, 其中 q_{ij} 是从状态 i 到 j 的反应常数, 之后依据反应常数的比来确定最终跳到的状态是 $i-1$ 还是 $i+1$, 因此 τ_i 就是 $\dfrac{1}{q_{i,i-1} + q_{i,i+1}}$ 再加上 τ_{i-1} 和 τ_{i+1} 的概率加权和.

应用连续时间马尔可夫链的强马氏性, $\{\tau_i\}$ 满足方程组

$$\tau_{-2} = \frac{1}{k_{-1} + k_2} + \frac{k_{-1}}{k_{-1} + k_2} \times 0 + \frac{k_2}{k_{-1} + k_2} \tau_{-1},$$
$$\tau_{-1} = \frac{1}{k_{-2} + k_3} + \frac{k_{-2}}{k_{-2} + k_3} \tau_{-2} + \frac{k_3}{k_{-2} + k_3} \tau_0,$$
$$\tau_0 = \frac{1}{k_{-3} + k_1} + \frac{k_{-3}}{k_{-3} + k_1} \tau_{-1} + \frac{k_1}{k_{-3} + k_1} \tau_1, \tag{11.17}$$
$$\tau_1 = \frac{1}{k_{-1} + k_2} + \frac{k_{-1}}{k_{-1} + k_2} \tau_0 + \frac{k_2}{k_{-1} + k_2} \tau_2,$$
$$\tau_2 = \frac{1}{k_{-2} + k_3} + \frac{k_{-2}}{k_{-2} + k_3} \tau_1 + \frac{k_3}{k_{-2} + k_3} \times 0.$$

通过简单的计算, 可以得到

$$\langle T \rangle = \frac{k_1 k_2 + k_2 k_3 + k_3 k_1 + k_{-1} k_{-3} + k_{-2} k_{-3} + k_{-1} k_{-2} + k_1 k_{-2} + k_2 k_{-3} + k_3 k_{-1}}{k_1 k_2 k_3 + k_{-1} k_{-2} k_{-3}}$$
$$= \frac{1}{J_+^{ss} + J_-^{ss}}.$$

另一个平均环等待时间 $\langle T_+ \rangle$ (图 11.2(A) 中完成一个正向环的平均时间, 不论是否已经完成了一个逆向环), 也可以通过类似于方程组 (11.17) 的计算来得到, 只不过边条件需要一些修正. 令 τ_{i+} 表示图 11.2(C) 中从状态 i 出发, 首次到达状态 3 的平均时间. 很明显, 有 $\langle T_+ \rangle = \tau_{0+}$, $\tau_{3+} = 0$ 和 $\tau_{-3+} = \tau_{0+}$.

再次应用连续时间马尔可夫链的强马氏性, $\{\tau_{i+}\}$ 满足方程组

$$\tau_{-2+} = \frac{1}{k_{-1} + k_2} + \frac{k_{-1}}{k_{-1} + k_2}\tau_{-3+} + \frac{k_2}{k_{-1} + k_2}\tau_{-1+},$$

$$\tau_{-1+} = \frac{1}{k_{-2} + k_3} + \frac{k_{-2}}{k_{-2} + k_3}\tau_{-2+} + \frac{k_3}{k_{-2} + k_3}\tau_{0+},$$

$$\tau_{0+} = \frac{1}{k_{-3} + k_1} + \frac{k_{-3}}{k_{-3} + k_1}\tau_{-1+} + \frac{k_1}{k_{-3} + k_1}\tau_{1+}, \qquad (11.18)$$

$$\tau_{1+} = \frac{1}{k_{-1} + k_2} + \frac{k_{-1}}{k_{-1} + k_2}\tau_{0+} + \frac{k_2}{k_{-1} + k_2}\tau_{2+},$$

$$\tau_{2+} = \frac{1}{k_{-2} + k_3} + \frac{k_{-2}}{k_{-2} + k_3}\tau_{1+} + \frac{k_3}{k_{-2} + k_3} \times 0,$$

可以得到

$$\langle T_+ \rangle = \frac{k_1 k_2 + k_2 k_3 + k_3 k_1 + k_{-1} k_{-3} + k_{-2} k_{-3} + k_{-1} k_{-2} + k_1 k_{-2} + k_2 k_{-3} + k_3 k_{-1}}{k_1 k_2 k_3}$$

$$= \frac{1}{J_+^{\mathrm{ss}}}.$$

利用几乎同样的方法可以得到 $\langle T_- \rangle$ 的表达式, 它是图 11.2(A) 中完成一个逆向环的平均时间, 不论是否已经完成了一个正向环:

$$\langle T_- \rangle = \frac{k_1 k_2 + k_2 k_3 + k_3 k_1 + k_{-1} k_{-3} + k_{-2} k_{-3} + k_{-1} k_{-2} + k_1 k_{-2} + k_2 k_{-3} + k_3 k_{-1}}{k_{-1} k_{-2} k_{-3}}$$

$$= \frac{1}{J_-^{\mathrm{ss}}}.$$

当然, $\langle T_- \rangle$ 的表达式也可以直接根据图 11.2(C) 中随机游动的对称性得到:

$$(k_1, k_{-1}, k_2, k_{-2}, k_3, k_{-3}) \rightarrow (k_{-3}, k_3, k_{-2}, k_2, k_{-1}, k_1).$$

$\langle T_+ \rangle = \langle T_- \rangle$ 当且仅当该系统处于化学平衡态, 因为 $\gamma = \dfrac{\langle T_- \rangle}{\langle T_+ \rangle}$. 于是 γ 也可以通过单分子实验中到时刻 t 为止正向环和逆向环的平均等待时间之比来近似计算, 这和上一节末尾介绍的测量方法是不一样的. 虽然如此, 但是应用基本更新定理, 可知这两种方法是渐近相同的, 因为当 t 很大时, 有 $\langle T_+ \rangle \approx \dfrac{t}{\nu_+(t)}$ 和 $\langle T_- \rangle \approx \dfrac{t}{\nu_-(t)}$.

11.1.4 步进概率

到时刻 t 为止的步进概率 $p^+(t)$ 和 $p^-(t)$ 可以从实验数据的统计分析角度分别定义成 $\nu_+(t)$ 和 $\nu_-(t)$ 所占的比例, 即

$$p^+(t) = \frac{\nu_+(t)}{\nu_+(t) + \nu_-(t)}, \quad p^-(t) = \frac{\nu_-(t)}{\nu_+(t) + \nu_-(t)}.$$

根据 (11.16) 式, 最终步进概率可定义成

$$
\begin{aligned}
p^+ &\overset{\text{def}}{=} \lim_{t\to\infty} p^+(t) = \frac{J^{\text{ss}}_+}{J^{\text{ss}}_+ + J^{\text{ss}}_-} = \frac{k_1 k_2 k_3}{k_1 k_2 k_3 + k_{-1} k_{-2} k_{-3}}, \\
p^- &\overset{\text{def}}{=} \lim_{t\to\infty} p^-(t) = \frac{J^{\text{ss}}_-}{J^{\text{ss}}_+ + J^{\text{ss}}_-} = \frac{k_{-1} k_{-2} k_{-3}}{k_1 k_2 k_3 + k_{-1} k_{-2} k_{-3}}.
\end{aligned}
\tag{11.19}
$$

这里需要特别指出的是, 步进概率 $p^+(t)$ 和 $p^-(t)$ 为随机变量, 其方差随着时间 t 趋向无穷大而趋于零. 因此, 根据遍历定理, 最终步进概率 p^+ 和 p^- 是与轨道无关的常数.

更重要的是, 我们还可以严格证明正向步进概率 p^+ 就等于从初始状态 E 出发, 在完成一个逆向环之前首先完成一个正向环的概率, 即

$$p^+ = P_{\{E\}}(T_+ < T_-).$$

类似地, 有逆向步进概率

$$p^- = P_{\{E\}}(T_- < T_+).$$

这一关系的证明也需要把问题转化成所对应的随机游动模型 (图 11.2(C)). 用 p_{i+} 表示从图 11.2(C) 中的状态 i ($i = 0, \pm 1, \pm 2, \pm 3$) 出发, 在到达状态 -3 之前首先到达状态 3 的概率. 很明显, 有 $p_{3+} = 1$ 和 $p_{-3+} = 0$.

正如我们在上一小节做的那样, 再一次应用马尔可夫链的强马氏性, 得到 $\{p_{i+}\}$ 满足方程组

$$
\begin{aligned}
p_{-2+} &= \frac{k_{-1}}{k_{-1} + k_2} \times 0 + \frac{k_2}{k_{-1} + k_2} p_{-1+}, \\
p_{-1+} &= \frac{k_{-2}}{k_{-2} + k_3} p_{-2+} + \frac{k_3}{k_{-2} + k_3} p_{0+},
\end{aligned}
$$

$$p_{0+} = \frac{k_{-3}}{k_{-3}+k_1}p_{-1+} + \frac{k_1}{k_{-3}+k_1}p_{1+},$$

$$p_{1+} = \frac{k_{-1}}{k_{-1}+k_2}p_{0+} + \frac{k_2}{k_{-1}+k_2}p_{2+},$$

$$p_{2+} = \frac{k_{-2}}{k_{-2}+k_3}p_{1+} + \frac{k_3}{k_{-2}+k_3}\times 1.$$

通过简单的计算, 可以得到

$$p^+ = P_{\{E\}}(T_+ < T_-) = p_{0+} = \frac{k_1 k_2 k_3}{k_1 k_2 k_3 + k_{-1} k_{-2} k_{-3}},$$

$$p^- = P_{\{E\}}(T_+ > T_-) = 1 - P_{\{E\}}(T_+ < T_-) = \frac{k_{-1} k_{-2} k_{-3}}{k_1 k_2 k_3 + k_{-1} k_{-2} k_{-3}},$$

因此

$$p^+ = \frac{J_+^{ss}}{J_+^{ss}+J_-^{ss}} = \frac{\langle T \rangle}{\langle T_+ \rangle}, \quad p^- = \frac{J_-^{ss}}{J_+^{ss}+J_-^{ss}} = \frac{\langle T \rangle}{\langle T_- \rangle},$$

且

$$\Delta\mu = k_B T \ln \gamma = k_B T \ln \frac{p^+}{p^-} = k_B T \ln \frac{J_+^{ss}}{J_-^{ss}} = k_B T \ln \frac{\langle T_- \rangle}{\langle T_+ \rangle}.$$

于是 $p^+ = p^-$ 当且仅当该系统处于化学平衡态.

在单分子实验中, 酶分子的微观运动由于其和溶液分子持续不断的碰撞而产生剧烈的热运动, 因此实验中得到的数据不可避免是随机的. 人们常常认为随机因素只不过是在经典确定性动力学的基础上增加一些扰动而已, 但是很明显, 本章中讨论的问题是根本不可能在一个确定性系统中提出来的. 所以, 这就需要我们以随机过程模型为基础来解释单分子实验中观测到的现象.

之所以称这类系统是亚宏观的, 是因为酶分子的个数很小 (只有一个), 但是酶不是孤立存在的: 它周围的水分子个数非常之大. 后者的存在使得前者的运动有了确定的统计规律.

§11.2 涨落酶和动力学合作

实验中发现, 很多酶都有剧烈的构象涨落现象, 也称作动力学混乱, 即根据实验数据拟合出的反应常数会随着时间变化. 当处于非平衡态时, 就可能产生正合作的现象, 即定态催化速率对于底物浓度的

依赖呈现 "S 形曲线"；同时也有实验表明，相邻两次产物的等待时间并不是独立的，其相关系数大于零. 那么这是不是就意味着马尔可夫链模型将不再适用呢？其实不然，要产生以上这两种现象，只需要酶分子可以在多个构象之间转换，且不同构象的反应常数不同即可. 这种酶就称为"涨落酶".

11.2.1 自由状态构象单一酶的普适米氏方程

如果酶分子处于自由状态时的构象是单一的，那么我们考虑产物的平均等待时间. 一个自由的酶分子 E 等待一个均值为 $a/[\mathrm{S}]$ 的指数分布时间，然后变成与底物 S 相结合的状态；无论结合状态所进行的化学反应有多么复杂，都是等待一个均值为 b 的随机时间后就返回自由状态，同时以概率 $1 - p_1$ 把底物 S 成功转化成产物，而以概率 p_1 未成功转化. 因此我们能得到产物的平均等待时间满足的方程：

$$\langle T \rangle = \frac{a}{[\mathrm{S}]} + b + p_1 \langle T \rangle.$$

于是

$$J = \frac{1}{\langle T \rangle} = \frac{1 - p_1}{\dfrac{a}{[\mathrm{S}]} + b} = \frac{(1 - p_1)[\mathrm{S}]}{b[\mathrm{S}] + a}.$$

这正是典型的米氏方程.

11.2.2 动力学合作

在上一节我们已经知道，如果酶只有一个自由状态 E，那么无论反应机制多么复杂，其米氏方程依然成立. 所以我们要来考虑酶有两个自由构象 E_1 和 E_2 的情况 (图 11.3(A))：它们都可以结合底物 S，形成同一种复合物 ES. 为了简单起见，我们这里设 E_1S 和 E_2S 本质上是相同的. 所以最简单的涨落酶动力学模型是

$$\mathrm{E}_1 \underset{k_{-1}}{\overset{k_1}{\rightleftharpoons}} \mathrm{E}_2, \quad \mathrm{E}_1 + \mathrm{S} \underset{\beta_1}{\overset{\alpha_1}{\rightleftharpoons}} \mathrm{ES}, \quad \mathrm{E}_2 + \mathrm{S} \underset{\beta_2}{\overset{\alpha_2}{\rightleftharpoons}} \mathrm{ES},$$
$$\mathrm{ES} \overset{\alpha_3}{\longrightarrow} \mathrm{E}_1 + \mathrm{P}, \quad \mathrm{ES} \overset{\alpha_4}{\longrightarrow} \mathrm{E}_2 + \mathrm{P}. \tag{11.20}$$

从单分子的角度，我们得到了一个三状态马尔可夫过程 (图 11.3(A)). 我们设在两个构象 E_1 与 E_2 之间的反应速率 k_1 和 k_{-1} 都很小；否则，

如果它们都很大，那么该模型就可以简化成标准的简单米氏动力学模型，其中与底物结合的等效反应常数为 $(k_{-1}\alpha_1 + k_1\alpha_2)/(k_{-1} + k_1)$，解离反应常数为 $\beta_1 + \beta_2$. (思考：该反应机制中各反应常数之间都独立吗？有没有什么约束条件必须满足？)

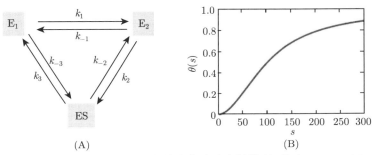

图 11.3　(A) 有两个自由构象状态的涨落酶动力学模型，其中 $k_2 = \alpha_2[S]$, $k_3 = \beta_1 + \alpha_3$, $k_{-2} = \beta_2 + \alpha_4$ 和 $k_{-3} = \alpha_1[S]$；(B) 动力学合作. 参数：$\alpha_1 = 0.01$, $\alpha_2 = 100$, $k_1 = 0.01$, $k_{-1} = 100$, $k_{-2} = 100$, $k_3 = 0.01$

经计算可得

$$p_{\mathrm{E}}^{\mathrm{ss}} = \frac{[\mathrm{E}]^{\mathrm{ss}}}{\mathrm{E}_{\mathrm{tot}}} = \frac{k_2 k_3 + k_{-1} k_3 + k_{-1} k_{-2}}{\mathcal{D}},$$

$$p_{\mathrm{E}^*}^{\mathrm{ss}} = \frac{[\mathrm{E}^*]^{\mathrm{ss}}}{\mathrm{E}_{\mathrm{tot}}} = \frac{k_1 k_3 + k_{-2} k_{-3} + k_1 k_{-2}}{\mathcal{D}},$$

$$p_{\mathrm{ES}}^{\mathrm{ss}} = \frac{[\mathrm{ES}]^{\mathrm{ss}}}{\mathrm{E}_{\mathrm{tot}}} = \frac{k_1 k_2 + k_2 k_{-3} + k_{-1} k_{-3}}{\mathcal{D}},$$

其中

$$\mathcal{D} = k_2 k_3 + k_{-1} k_3 + k_{-1} k_{-2} + k_1 k_3 + k_{-2} k_{-3} + k_1 k_{-2} + k_1 k_2 + k_2 k_{-3} + k_{-1} k_{-3}.$$

因此

$$p_{\mathrm{ES}}^{\mathrm{ss}} = \frac{[\mathrm{ES}]^{\mathrm{ss}}}{\mathrm{E}_{\mathrm{tot}}} = \frac{ds + cs^2}{a + bs + cs^2} \overset{\mathrm{def}}{=\!=} \theta(s), \tag{11.21}$$

其中

$$a = k_{-1} k_3 + k_{-1} k_{-2} + k_1 k_3 + k_1 k_{-2},$$
$$b = \alpha_2 k_3 + k_{-2}\alpha_1 + k_1\alpha_2 + k_{-1}\alpha_1,$$
$$c = \alpha_1 \alpha_2, \quad d = k_1\alpha_2 + k_{-1}\alpha_1, \quad s = [\mathrm{S}].$$

酶催化反应的定态速率是 $v = (\alpha_3 + \alpha_4)\theta(s)$. 它包含 $[S]^2$ 项，因此涨落酶的定态速率有可能相对于底物浓度呈现 S 形曲线. 这称为**动力学合作**，因为它和具有多底物结合位点的别构合作机制是不同的.

通过计算希尔系数 (见第三章)，我们得到当 $\alpha_2 > \alpha_1$ 时，正合作对应于 $k_1\alpha_2 k_3 < k_{-1}k_{-2}\alpha_1$ (图 11.3(B))，负合作对应于 $k_1\alpha_2 k_3 > k_{-1}k_{-2}\alpha_1$. 当 $\alpha_2 = \alpha_1$ 时，这两个不同的自由构象催化能力相同，所以等效于只有一个构象，即为标准米氏机制.

§11.3　修饰子的激发—抑制转换

我们现在讨论另一个最近发现的有趣现象. 设一个简单的酶催化反应被修饰子 M 所修饰，那么它就具有了平行的两条催化路径，如图 11.4 所示，而其中只有一条有修饰物参与.

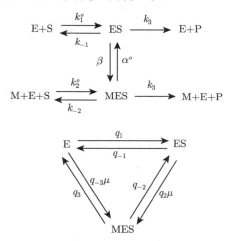

图 11.4　上图的酶反应系统里有一个修饰子 M，其中 k_1^o 和 α^o 是二阶反应常数，k_2^o 是三阶反应常数. 在没有修饰子的时候，酶反应的定态速率服从米氏方程 $\left(v = \dfrac{k_1 k_3 [S]}{k_1[S] + k_{-1} + k_3}\right)$. 下图是该系统从单分子角度的三状态表示：$q_1 = k_1^o[S]$, $q_{-1} = k_{-1} + k_3$, $q_2 = \alpha^o$, $q_{-2} = \beta$, $q_3 = k_{-2} + k_3$, $q_{-3} = k_2^o[S]$, 而 u 是修饰子 M 的浓度

一般来说，大家认为修饰物要么是激发剂，使得该酶的催化速率

提高；要么是抑制剂，使得该酶的催化效率降低. 但是，我们将要说明，在一般的动力学系统中，这样一种区分并不成立. 实际上，一个同样的修饰物既可以是激发剂，也可以是抑制剂，这完全依赖于 M 的浓度，而且可以在二者之间转换. 这称为激发—抑制转换.

从单分子的角度看，图 11.4 中有两个环形动力学：一个是底物结合环 $M+E+S \rightleftharpoons M+ES \rightleftharpoons MES \rightleftharpoons M+E+S$，另一个是催化反应环 $E+S \rightleftharpoons ES \rightarrow E+P$，$M+E+S \rightleftharpoons MES \rightarrow M+E+P$. 前者必须满足细致平衡条件 $(k_2^o \beta k_{-1} = k_1^o \alpha^o k_{-2})$，后者则不需要，因为不停地有 $S \rightarrow P$ 的转化.

因为我们假设了 $ES \rightarrow E+P$ 和 $MES \rightarrow M+E+P$ 的反应常数都是 k_3，所以催化反应的总速率就是

$$v = k_3(p_{ES} + p_{MES}).$$

因此可以计算得到总的酶底物复合物含量为

$$p_{TES}^{ss}(u) = (p_{ES} + p_{MES})^{ss} = \frac{A + Bu + Cu^2}{D + Eu + Fu^2}, \tag{11.22}$$

其中 u 是修饰子 M 的浓度，而

$$A = q_1(q_3 + q_{-2}), \quad B = q_{-2}q_{-3} + q_1q_2 + q_{-1}q_{-3}, \tag{11.23a}$$

$$C = q_2q_{-3}, \quad D = (q_1 + q_{-1})(q_3 + q_{-2}), \tag{11.23b}$$

$$E = q_{-2}q_{-3} + q_1q_2 + q_{-1}q_{-3} + q_2q_3, \quad F = q_2q_{-3}. \tag{11.23c}$$

注意到

$$p_{TES}^{ss}(0) = \frac{A}{D} = \frac{k_1}{k_1 + k_{-1}} < p_{TES}^{ss}(\infty) = \frac{C}{F} = 1 \tag{11.24}$$

和

$$(p_{TES}^{ss})'(0) = \frac{B}{A} - \frac{E}{D} = \frac{q_{-1}(q_{-2}q_{-3} + q_1q_2 + q_{-1}q_{-3}) - q_1q_2q_3}{q_1(q_3 + q_{-2})(q_1 + q_{-1})}. \tag{11.25}$$

如果 $(p_{\text{TES}}^{\text{ss}})'(0) < 0$, 那么随着 $u = [\text{M}]$ 浓度的增加就会出现从抑制到激发的转换, 其转换的临界浓度 u_c 满足

$$\frac{A + Bu_c + Cu_c^2}{D + Eu_c + Fu_c^2} = \frac{A}{D},$$

即

$$u_c = \frac{DC - AF}{AE - DB} = \frac{F}{A}\left(\frac{\dfrac{C}{F} - \dfrac{A}{D}}{\dfrac{E}{D} - \dfrac{B}{A}}\right) > 0, \qquad (11.26)$$

见图 11.5. 注意这里是对于固定的 [S] 来说的, 对于不同的 [S] 情形可能不同, 因此可作相变图 (参见阅读材料 [2]).

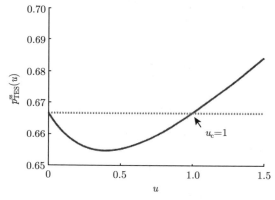

图 11.5 修饰子的激发—抑制转换. 参数: $q_1 = q_2 = q_3 = 2, q_{-1} = q_{-2} = q_{-3} = 1, A = 6, B = 6, C = 2, D = 9, E = 10, F = 2$

§11.4 动力学校对和特异性放大

随机性和特异性是现代分子细胞生物学中非常重要的概念, 特别是与中心法则和信号传导有关. 生物组织必须具有抑制随机性的机制才可能提高生命过程的准确性和特异性. 一般会认为此类机制就是对应于酶等关键物质的结构及其修饰, 但是在 20 世纪 70 年代, 人们发现在体内和体外具有同样结构的蛋白质翻译实验的错误率相差可达到 100 倍之高, 于是动力学校对的机制就被提了出来. 该机制的关键在于

要想提高生命活动的准确性和特异性，就必须在生命活动过程中消耗一定的自由能，这可以是从 ATP/ADP 或 GTP/GDP 来的，也可以是从其他酶的修饰机制来的. 该理论告诉我们，在生命体内，物质的结构 (亲和力等) 和生物化学网络的拓扑 (wiring diagram) 并不是全部，没有能量的消耗 (即处于非平衡态) 生物体也是无法正常发挥功能的.

这里我们来研究一个一般的受体–配体机制. 图 11.6 就是两个三状态的受体–配体结合模型，其中有两个化学反应耦合了一个水解反应 $T \rightleftharpoons D$ 的变化，其中 RL* 是真正有功能的复合物.

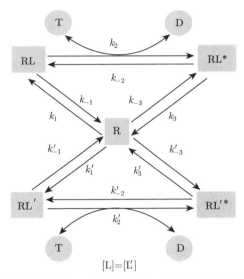

图 11.6 一个简单的受体–配体结合模型，其中耦合了水解反应 $T \rightleftharpoons D$,这里 $k_{-3} = k^o_{-3}[L]$, $k_1 = k^o_1[L]$, $k'_{-3} = k'^o_{-3}[L']$, $k'_1 = k'^o_1[L']$

我们现在简要回顾一些标准热力学的结果. ATP 水解的标准自由能是

$$\Delta G^o_{\mathrm{DT}} = -k_\mathrm{B} T \ln \frac{[\mathrm{T}]^{\mathrm{eq}}}{[\mathrm{D}]^{\mathrm{eq}}}. \tag{11.27}$$

更进一步，平衡态时 ATP 和 ADP 的浓度与反应常数的关系是

$$\frac{[\mathrm{T}]^{\mathrm{eq}}}{[\mathrm{D}]^{\mathrm{eq}}} = \frac{k^o_{-2}[\mathrm{RL}^*]^{\mathrm{eq}}}{k^o_2[\mathrm{RL}]^{\mathrm{eq}}} = \frac{k_{-1}k^o_{-2}k_{-3}}{k_1 k^o_2 k_3}, \tag{11.28}$$

其中第二个等式是由于平衡关系 $[\mathrm{RL}]^{\mathrm{eq}}/[\mathrm{RL}^*]^{\mathrm{eq}} = k_1 k_3/(k_{-1} k_{-3})$. 因此细胞内 ATP 的水解自由能为

$$\Delta G_{\mathrm{DT}} = \Delta G_{\mathrm{DT}}^o + k_{\mathrm{B}} T \ln \frac{[\mathrm{T}]}{[\mathrm{D}]} = k_{\mathrm{B}} T \ln \frac{k_1 k_2 k_3}{k_{-1} k_{-2} k_{-3}}, \qquad (11.29)$$

其中 [T] 和 [D] 是细胞内 ATP 和 ADP 的浓度，并且不在平衡态时有 $\Delta G_{\mathrm{DT}} > 0$.

引入常数 $\gamma = \mathrm{e}^{\Delta G_{\mathrm{DT}}/(k_{\mathrm{B}} T)}$，有

$$\gamma = \frac{k_1 k_2 k_3}{k_{-1} k_{-2} k_{-3}}. \qquad (11.30)$$

生命体内消耗的自由能其实更多的是来自生理上 ATP (≈ 8 mmol/L) 和 ADP (≈ 10 mmol/L) 的浓度，而不是来自磷酸键. 这正如 D. G. Nicholls 和 S. J. Ferguson 在 *Bioenergetics* 3 一书中所说："太平洋里充满了 ATP，ADP 和 Pi 的混合物，但是因为处于平衡态，所以 ATP 没有对外做功的能力."

上述分析对于图 11.6 中的不同配体 L 和 L′ 都适用，所以在试管里的平衡态实验中 (即 $[\mathrm{T}] = [\mathrm{T}]^{\mathrm{eq}}$ 和 $[\mathrm{D}] = [\mathrm{D}]^{\mathrm{eq}}$)，有

$$\frac{k_1^o k_2^o k_3}{k_{-1} k_{-2}^o k_{-3}^o} = \frac{k_1'^o k_2'^o k_3'}{k_{-1}' k_{-2}'^o k_{-3}'^o} = \frac{[\mathrm{D}]^{\mathrm{eq}}}{[\mathrm{E}]^{\mathrm{eq}}},$$

则

$$\gamma = \frac{k_1 k_2 k_3}{k_{-1} k_{-2} k_{-3}} = \frac{k_1' k_2' k_3'}{k_{-1}' k_{-2}' k_{-3}'} = 1.$$

经过计算，最后得到平衡态时两者的亲和能力之比为

$$f = \frac{[\mathrm{RL}^*]^{\mathrm{eq}}}{[\mathrm{R}]^{\mathrm{eq}}[\mathrm{L}]^{\mathrm{eq}}} \Big/ \frac{[\mathrm{RL}'^*]^{\mathrm{eq}}}{[\mathrm{R}]^{\mathrm{eq}}[\mathrm{L}']^{\mathrm{eq}}} = \frac{k_{-3}}{k_3} \Big/ \frac{k_{-3}'}{k_3'} \stackrel{\text{def}}{=\!=} \theta. \qquad (11.31)$$

我们假设 L 和 L′ 的浓度相同、结构相似，因此有相同的 k_1，k_2，k_{-2}，k_{-3}，只有 k_{-1}，k_3 不同. 设 $\dfrac{k_{-1}'}{k_{-1}} = \dfrac{k_3'}{k_3} = \theta$，其中 $\theta < 1$. 也就是说，L′ 比 L 的亲和力更高，它更具有特异性. 在 Hopfield 的蛋白质合成模型中，f 就是非特异性结合的错误氨基酸与特异性结合的正确氨基酸的平均比例，称为**错误率**. 当然，它越小越好.

在活细胞中, 因为存在图 11.6 中的水解反应 $RL + T \rightleftharpoons RL^* + D$, 且 [D] 和 [T] 都不在平衡浓度, 所以此时错误率 f 是能量参数 γ 的函数. 这里 $\gamma \neq 1$, 但是 $\gamma = \dfrac{k_1 k_2 k_3}{k_{-1} k_{-2} k_{-3}} = \dfrac{k_1' k_2' k_3'}{k_{-1}' k_{-2}' k_{-3}'}$ 仍然成立 (热力学约束).

在此模型中, 可以计算得到

$$f = \theta \frac{k_1 k_2 + k_2 k_{-3} + k_{-1} k_{-3}}{k_2 k_3 + k_3 k_{-1} + k_{-1} k_{-2}} \frac{k_2 k_3 + \theta k_3 k_{-1} + k_{-1} k_{-2}}{k_1 k_2 + k_2 k_{-3} + \theta k_{-1} k_{-3}}, \tag{11.32}$$

利用 (11.30) 式去消掉 (11.32) 式中的 $k_{-1} k_{-2}$, 有

$$f = \theta \cdot \frac{k_1 k_2 + k_2 k_{-3} + k_{-1} k_{-3}}{k_2 k_{-3} + k_{-1} k_{-3} + \dfrac{k_1 k_2}{\gamma}} \frac{k_2 k_{-3} + \theta k_{-1} k_{-3} + \dfrac{k_1 k_2}{\gamma}}{k_1 k_2 + k_2 k_{-3} + \theta k_{-1} k_{-3}}. \tag{11.33}$$

它可看作 γ 的函数, 所以我们有最小错误率

$$f_{\min}(\gamma) = \theta \left(\frac{1 + \sqrt{\gamma\theta}}{\sqrt{\gamma} + \sqrt{\theta}} \right)^2. \tag{11.34}$$

对于固定的 γ, 达到最小时 $\dfrac{k_{-3}}{k_1} = 0$ 且 $\dfrac{k_1 k_2}{k_{-1} k_{-3}} = \sqrt{\gamma\theta}$. 这里需要用到一个不等式: 对于 $\gamma > 1$, $\theta < 1$ 和非负的 a, b, c, 我们有

$$\frac{(a + b + c)}{\left(a + \dfrac{b}{\gamma} + c \right)} \frac{\left(a\theta + \dfrac{b}{\gamma} + c \right)}{(a\theta + b + c)} \geqslant \left(\frac{1 + \sqrt{\gamma\theta}}{\sqrt{\gamma} + \sqrt{\theta}} \right)^2,$$

其中等式成立时 $c = 0$ 且 $\dfrac{b}{a} = \sqrt{\gamma\theta}$. (思考: 此不等式如何证明?)

当 $\gamma \gg \theta^{-1}$, 即能量足够时, $f_{\min}$ 趋于 θ^2. 这正好和实验数据吻合.

阅 读 材 料

[1] Wei Min, Gopich Irina V, English Brian P, et al. When does the Michaelis-Menten equation hold for fluctuating enzymes? J Phys

Chem B, 2006, 110: 20093–20097.

[2] Wei Min, Liang Jiang, Xie X Sunney. Complex kinetics of fluctuating enzymes: phase diagram characterization of a minimal kinetic scheme. Chem Asian J, 2010, 5: 1129–1138.

[3] Ge Hao, Qian Min, Qian Hong. Stochastic theory of nonequilibrium steady states (Part II: Applications in chemical biophysics). Physics Reports, 2012, 510: 87–118.

[4] Johansson Magnus, Zhang Jingji, Ehrenberg Mans. Genetic code translation displays a linear trade-off between efficiency and accuracy of tRNA selection. Proc Nat Acad Sci, 2012, 109: 131.

[5] Jia Chen, Liu Xufeng, Qian Minping, et al. Kinetic behavior of the general modifier mechanism of Botts and Morales with nonequilibrium binding. J Theor Biol, 2012, 296: 13–20.

习　题

1. 计算单分子酶动力学模型的米氏定态流量.

2. (1) 证明: 对于两步连续反应机制

$$A \xrightarrow{k_1} I \xrightarrow{k_2} B,$$

A 分子生成 B 分子的等待时间的概率密度为

$$p(t) = \frac{k_1 k_2}{k_2 - k_1}(e^{-k_1 t} - e^{-k_2 t}).$$

解释分布来源并说明它是归一化的, 求出当 $k_1 \to k_2$ 时的表达式 (提示: 等待时间其实就是两个参数不同的指数分布之和).

(2) 考虑有 N 个独立可分辨不可逆反应的连续反应, 每个反应速率常数均为 k. 实验测得, 产物形成的时间常数均值为 689.0 ms, 标准差为 243.6 ms. 试求 k 值.

(3) DNA 聚合酶可以利用单链 DNA 模板复制 DNA 碱基. 在生理条件下, 单个碱基结合的等待时间服从均值为 $t = 0.1$ s 的指数分布.

试计算复制 104 个碱基所需总时间的均值和标准差. 你能得到关于复制过程的什么结论吗?

*3. (环形酶动力学机制的 Gillespie 模拟) 考虑一个三状态 Michaelis-Menten 酶动力学模型 (图 11.4):

$$E + S \underset{k_{-1}}{\overset{k_1^o}{\rightleftharpoons}} ES \underset{k_{-2}}{\overset{k_2}{\rightleftharpoons}} EP \underset{k_{-3}^o}{\overset{k_3}{\rightleftharpoons}} E + P.$$

(1) 对于酶, 我们知道 $k_{-1} = k_2 = k_{-2} = k_3 = 700 \text{ s}^{-1}$. 由于底物和产物通常很多, 可以取其他两个拟一阶反应常数为 $k_1[S] = k_{-3}[P] = 263 \text{ s}^{-1}$. 试计算温度为 300 K 时总反应 S → P 的化学势差异. 写一个 Matlab 程序对该反应 Gillespie 模拟 5 s, 画出产物分子数随时间的变化. 你的模拟结果和计算结果吻合吗?

(2) 假设 $k_1[S] = 368 \text{ s}^{-1}, k_{-3}[P] = 158 \text{ s}^{-1}$, 且其他反应常数不变, 重复 (1), 观察结果的变化.

(3) 请附上程序代码.

第十二章　化学主方程

　　近些年来，由于实验技术的不断发展，化学过程中的亚宏观随机现象也开始得到广泛的关注，所以化学主方程 (Chemical Master Equation) 作为描述该随机现象的随机过程模型也得到了广泛的应用，它是质量作用定律的亚宏观 (随机) 版本. 化学主方程模型在物理学和化学理论中早就有了，但是把它应用到研究生物系统还是从 20 世纪 40 年代初 Max Delbrück 的开创性工作开始的. 70 年代初，概率学家 Kurtz 用严格的数学证明了化学主方程模型的热力学极限就是质量作用定律模型.

　　在质量作用定律中，系统的状态是由各个物质的浓度来描述的；而在化学主方程模型中，系统的状态则由各个物质的粒子数来刻画，且无法讨论该系统在每个时刻所处的确切状态，而只能考虑各个状态的概率分布. 化学主方程就是描述这些概率分布随时间的演化规律，是一组线性常微分方程 (往往方程个数是无穷). 化学主方程是一类特殊的马尔可夫跳过程.

§12.1　化学主方程简单实例

12.1.1　简单异构化反应

考虑最简单的异构化反应

$$A \underset{\lambda_2}{\overset{\lambda_1}{\rightleftharpoons}} B,$$

其中 λ_1 和 λ_2 是一阶化学反应常数 (单位是时间 $^{-1}$).

　　质量作用定律方程为

$$\frac{\mathrm{d}[A]}{\mathrm{d}t} = -\lambda_1[A] + \lambda_2(E_T - [A]),$$

其中 $E_T = [A] + [B]$.

当物质 A 和 B 的总分子个数 $N = E_\mathrm{T}V$ (V 是体积) 比较小时, 随机性很显著, 因此我们考虑的是 t 时刻系统中物质 A 分子个数 $n_\mathrm{A}(t)$ 的概率分布

$$p_k(t) = P(n_\mathrm{A}(t) = k) \quad (k = 0, 1, 2, \cdots, N).$$

下面考虑 $p_k(t)$ 随时间的变化. 其增加是因为有从状态 $n_\mathrm{A}(t) = k + 1$ 经过一次反应 A → B 到达状态 $n_\mathrm{A}(t) = k$ 的, 也有从状态 $n_\mathrm{A}(t) = k - 1$ 经过一次反应 B → A 到达状态 $n_\mathrm{A}(t) = k$ 的; 其减少是因为可以从状态 $n_\mathrm{A}(t) = k$ 经过反应 A → B 或 B → A 而变成其他的状态. 从状态 $n_\mathrm{A}(t) = k$ 到 $n_\mathrm{A}(t) = k - 1$ 的概率转移速率为 $k\lambda_1$, 这是因为每个 A 分子都会在等待一个参数为 λ_1 的指数分布时间之后而转变为 B 分子, 且互相独立 (图 12.1). 同样, 从状态 $n_\mathrm{A}(t) = k$ 到 $n_\mathrm{A}(t) = k + 1$ 的概率转移速率为 $(N - k)\lambda_2$. 所以

$$\begin{aligned}
\frac{\mathrm{d}p_k(t)}{\mathrm{d}t} = &-[k\lambda_1 + (N - k)\lambda_2]p_k + (k + 1)\lambda_1 p_{k+1} \\
&+ (N - k + 1)\lambda_2 p_{k-1} \\
&(k = 0, 1, 2, \cdots, N).
\end{aligned} \quad (12.1)$$

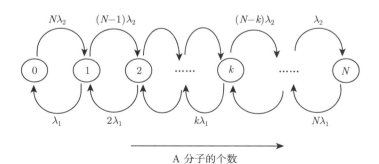

图 12.1 异构化反应的化学主方程图示

我们还可以考虑 $n_\mathrm{A}(t)$ 的均值和方差随时间的演化. 由于

$$\langle n_\mathrm{A}(t) \rangle = \sum_k k p_k(t), \quad \langle n_\mathrm{A}^2(t) \rangle = \sum_k k^2 p_k(t),$$

因此

$$\frac{\mathrm{d}\langle n_A(t)\rangle}{\mathrm{d}t} = \sum_k k\frac{\mathrm{d}p_k(t)}{\mathrm{d}t}$$

$$= \sum_k k\{-[k\lambda_1 + (N-k)\lambda_2]p_k + (k+1)\lambda_1 p_{k+1}$$

$$+ (N-k+1)\lambda_2 p_{k-1}\}$$

$$= \sum_k [-k\lambda_1 + (N-k)\lambda_2]p_k = -(\lambda_1+\lambda_2)\langle n_A(t)\rangle + \lambda_2 N, \quad (12.2)$$

$$\frac{\mathrm{d}\langle n_A^2(t)\rangle}{\mathrm{d}t} = \sum_k k^2\frac{\mathrm{d}p_k(t)}{\mathrm{d}t}$$

$$= \sum_k k^2\{-[k\lambda_1 + (N-k)\lambda_2]p_k + (k+1)\lambda_1 p_{k+1}$$

$$+ (N-k+1)\lambda_2 p_{k-1}\}$$

$$= \sum_k \left[(-2k^2+k)\lambda_1 + (N-k)(2k+1)\lambda_2\right]p_k$$

$$= -2(\lambda_1+\lambda_2)\langle n_A^2(t)\rangle + \lambda_2 N + (\lambda_1 + 2N\lambda_2 - \lambda_2)\langle n_A(t)\rangle. \quad (12.3)$$

(12.2) 式和质量作用定律的方程是一样的，因为这是最简单的线性情形 (即一阶单分子反应). 而方差 $\mathrm{var}(n_A(t)) = \langle n_A^2(t)\rangle - \langle n_A(t)\rangle^2$，所以

$$\frac{\mathrm{d}\mathrm{var}(n_A(t))}{\mathrm{d}t} = \frac{\mathrm{d}\langle n_A^2(t)\rangle}{\mathrm{d}t} - 2\langle n_A(t)\rangle\frac{\mathrm{d}\langle n_A(t)\rangle}{\mathrm{d}t}$$

$$= -2(\lambda_1+\lambda_2)\mathrm{var}(n_A(t)) + \lambda_2 N + (\lambda_1 - \lambda_2)\langle n_A(t)\rangle. \quad (12.4)$$

当时间趋于无穷时，令 (12.2)~(12.4) 式右端为零，解方程组，得最终系统平稳分布的均值为 $\dfrac{\lambda_2 N}{\lambda_1 + \lambda_2}$，方差为 $\dfrac{\lambda_1\lambda_2}{(\lambda_1 + \lambda_2)^2}N$.

　　由于该异构化反应系统中每个分子其实都是独立的，所以对于单个分子来说，其在 t 时刻可能在状态 A 或者状态 B，对应的概率演化方程为 (设在状态 A)

$$\frac{\mathrm{d}p_A(t)}{\mathrm{d}t} = -\lambda_1 p_A(t) + \lambda_2(1 - p_A(t)).$$

　　可以验证，$p_k(t) = \dfrac{N!}{k!(N-k)!}(p_A(t))^k(1-p_A(t))^{N-k}$，其均值为

$Np_A(t)$,方差为 $Np_A(t)(1 - p_A(t))$. $N_A(t)$ 的相对随机性大小可以用

$$\frac{\sqrt{Np_A(t)(1 - p_A(t))}}{Np_A(t)} \propto \frac{1}{\sqrt{N}}$$

来度量.

12.1.2 双分子反应

考虑最简单的双分子反应

$$A + A \xrightarrow{k,\tilde{k}} B,$$

其中 k 和 $\tilde{k}$ 都是二阶双分子反应常数,但是一个是在质量作用定律中用的,而另一个是在化学主方程中用的. (思考:它们的单位和数值有什么区别呢?)

质量作用定律方程为

$$\frac{\mathrm{d}[A]}{\mathrm{d}t} = -2k[A]^2,$$

因此 k 的单位是浓度$^{-1} \times$ 时间$^{-1}$.

当物质 A 有 n 个分子时,基于碰撞假设,该反应的速率为 $\tilde{k}n(n-1)$,因此化学主方程为

$$\frac{\mathrm{d}p(n,t)}{\mathrm{d}t} = -\tilde{k}n(n-1)p(n,t) + \tilde{k}(n+2)(n+1)p(n+2,t).$$

浓度就是分子数目的均值除以体积,即 $[A](t) = \dfrac{\langle n_A(t) \rangle}{V} = \sum_n np(n,t) \Big/ V$,

所以由化学主方程可得

$$\begin{aligned}
\frac{\mathrm{d}[A]}{\mathrm{d}t} &= \frac{1}{V} \sum_n n \frac{\mathrm{d}p(n,t)}{\mathrm{d}t} \\
&= \frac{1}{V} \sum_n n[-\tilde{k}n(n-1)p(n,t) + \tilde{k}(n+2)(n+1)p(n+2,t)] \\
&= \frac{1}{V} \sum_n [-\tilde{k}n^2(n-1) + \tilde{k}n(n-1)(n-2)]p(n,t) \\
&= -2\tilde{k}\frac{1}{V} \sum_n n(n-1)p(n,t) = -2\tilde{k}\frac{\langle n(n-1) \rangle}{V} \\
&= -2\tilde{k}V \left\langle \frac{n}{V}\frac{n-1}{V} \right\rangle.
\end{aligned} \tag{12.5}$$

当 n 和 V 都很大时 (近宏观), $\mathrm{var}\left(\dfrac{n}{V}\right) = \left\langle \left(\dfrac{n}{V}\right)^2 \right\rangle - \left\langle \dfrac{n}{V} \right\rangle^2 \approx 0$, 所以

$$\left\langle \frac{n}{V}\frac{n-1}{V} \right\rangle \approx \left\langle \frac{n}{V} \right\rangle^2 = [\mathrm{A}]^2.$$

于是

$$\frac{\mathrm{d}[\mathrm{A}]}{\mathrm{d}t} = -2\tilde{k}V\left\langle \frac{n}{V}\frac{n-1}{V} \right\rangle \approx -2\tilde{k}V[\mathrm{A}]^2.$$

与质量作用定律比较可知, $\tilde{k} = \dfrac{k}{V}$, 单位是时间 $^{-1}$, 因此 $\tilde{k}n(n-1)$ 的单位也是时间 $^{-1}$.

12.1.3　米氏酶动力学

考虑更复杂一点的, 即米氏酶动力学模型

$$\mathrm{E} + \mathrm{S} \underset{k_{-1}}{\overset{k_1}{\rightleftharpoons}} \mathrm{ES} \overset{k_2}{\longrightarrow} \mathrm{E} + \mathrm{P}. \tag{12.6}$$

设酶 E 的分子共有 N_E 个, 则 $n_\mathrm{E} + n_\mathrm{ES} = N_\mathrm{E}$; 设底物 S 一开始共有 N_S 个分子, 则 $n_\mathrm{S} + n_\mathrm{ES} + n_\mathrm{P} = N_\mathrm{S}$. 我们用二维点 (m, n) 表示该系统的状态, 其中 m 是底物 S 的分子个数, 而 n 是复合物 ES 的分子个数. 于是概率分布 $p(m, n, t)$ 随时间的演变为 (图 12.2)

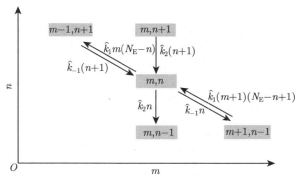

图 12.2　米氏酶动力学模型化学主方程图示

$$\begin{aligned}
\frac{\mathrm{d}p(m,n,t)}{\mathrm{d}t} = &-[\hat{k}_1 m(N_\mathrm{E}-n)+\hat{k}_{-1}n+\hat{k}_2 n]p(m,n,t)\\
&+\hat{k}_1(m+1)(N_\mathrm{E}-n+1)p(m+1,n-1,t)\\
&+\hat{k}_{-1}(n+1)p(m-1,n+1,t)\\
&+\hat{k}_2(n+1)p(m,n+1,t)\\
&(0\leqslant m\leqslant N_\mathrm{S},\ 0\leqslant n\leqslant N_\mathrm{E}),
\end{aligned} \tag{12.7}$$

其中

$$\hat{k}_1=\frac{k_1}{V},\quad \hat{k}_{-1}=k_{-1},\quad \hat{k}_2=k_2.$$

§12.2　单细胞中心法则的化学主方程模型

12.2.1　最简单的机制

我们这里首先研究的是无反馈中心法则的最简单机制 (图 12.3).

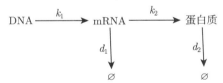

图 12.3　中心法则最简单的机制模型

1. 翻译爆发动力学

实验上观测到的蛋白质生成是一种爆发型的行为模式 (称为**翻译爆发现象**), 见图 12.4. 那么我们如何来解释这一现象呢? 首先就是建立随机模型.

由图 12.3 中的机制知, DNA 分子每等待一个参数为 k_1 的指数分布时间后会转录出一个 mRNA 分子, 然后每个 mRNA 分子的生存时间也是一个参数为 d_1 的指数分布时间. 对于每个 mRNA 分子来说, 在其降解之前, 会不断生成蛋白质分子 P, 这是参数为 k_2 的泊松过程. 同时, 每个蛋白质分子都会在等待一个参数为 d_2 的指数分布时间后降解.

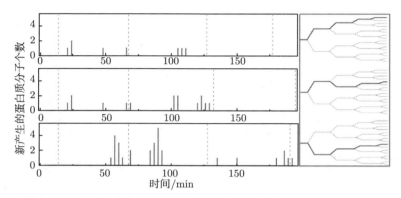

图 12.4 蛋白质生成过程的爆发型动力学. 来自文献：Yu Ji，Xiao Jie，Ren Xiaojia，Lao, et al. Probing gene expression in live cells one protein molecule at time. Nature, 2006, 311: 1600–1603

实验中可以测量出单个细胞里 mRNA 分子的平均个数 $\langle \text{mRNA} \rangle_{\text{cells}}$，细胞周期的时间 $\tau_{\text{cell cycle}}$，单个 mRNA 分子的平均生存时间 τ_{mRNA}，一个细胞周期内的爆发次数 a，则我们可以计算出每次爆发所产生的 mRNA 分子个数 $n_{\text{mRNA,burst}}$，即

$$n_{\text{mRNA,burst}} = \frac{\langle \text{mRNA} \rangle_{\text{cells}} \tau_{\text{cell cycle}}}{a \tau_{\text{mRNA}}}.$$

通过实验发现，至少在细菌中有 $n_{\text{mRNA,burst}} \approx 1$ (来源文献同图 12.4).

对于每个 mRNA 分子而言，在其生存时间内能够生成的蛋白质分子个数服从几何分布，参数为 $q = \dfrac{k_2}{k_2 + d_1}$. 这是因为生成 n 个蛋白质分子的概率为

$$G_n \stackrel{\text{def}}{=\joinrel=} p(n) = \int_0^{+\infty} d_1 \mathrm{e}^{-d_1 t} \cdot \mathrm{e}^{-k_2 t} \frac{(k_2 t)^n}{n!} \mathrm{d}t = q^n (1 - q).$$

其均值为 $\dfrac{q}{(1-q)} = \dfrac{k_2}{d_1}$，叫作**爆发强度** (图 12.5).

对于 mRNA 而言，我们在第十章中已经介绍过它的化学主方程，其平稳分布为泊松分布 (并不完全符合实验数据，后面要介绍的两状态基因开关模型会更符合实际).

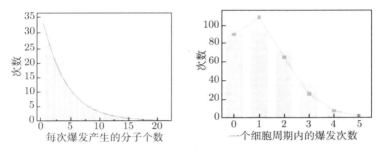

图 12.5　**爆发强度和爆发次数的分布**. 来自文献: Xie X Sunney, Choi Paul J, Li Gene-Wei, et al. Single-molecule approach to molecular biology in living bacterial cells. Annu Rev Biophys, 2008, 37: 417–444

对于蛋白质分子 P 而言，在这种爆发情形下，每个状态 j (即该蛋白质分子个数等于 j) 都在等待一个参数为 $1/k_1$ 的指数分布时间后再以概率 G_n 转移到状态 $n+j$，因此爆发情况下的化学主方程为

$$\frac{\mathrm{d}p(n,t)}{\mathrm{d}t}=k_1\left(\sum_{j=1}^{n}G_jp(n-j,t)-qp(n,t)\right)+d_2[(n+1)p(n+1,t)-np(n,t)],$$

其平稳分布为负二项分布 (可以通过递推得到)

$$p^{\mathrm{ss}}(n)=\frac{b^n}{(1+b)^{a+n}}\frac{\Gamma(a+n)}{\Gamma(a)n!},$$

其中 $a=\dfrac{k_1}{d_2}$ 是一个细胞环时间内的爆发次数，也就是生成的 mRNA 分子个数，而 $b=\dfrac{k_2}{d_1}=\dfrac{q}{(1-q)}$ 是爆发强度 (图 12.6(A)). (思考: (1) 该负二项平稳分布应该如何推导? (2) 为什么 a 是一个细胞环时间内的爆发次数，也就是生成的 mRNA 分子个数? (3) 实验中是看不到没有生成任何 P 分子的 mRNA 分子的，所以实验上测得的均值和这个理论值 b 是不完全一样的，它们之间的差别有多大? (4) 这种爆发情形的近似应该需要满足什么条件才可以?)

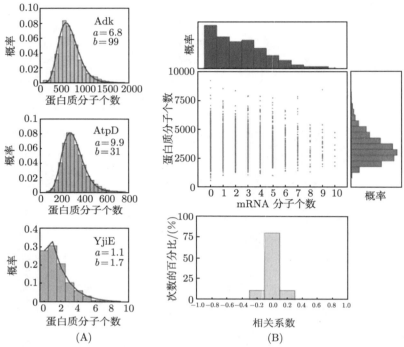

图 12.6 (A) 单细胞中蛋白质分子个数的平稳分布. (B) 单细胞中 mRNA 和蛋白质分子个数的相关系数. 来自文献: Taniguchi Yuichi, Choi Paul J, Li Gene-Wei, et al. Quantifying *E.coli* proteome and transcriptome with single-molecule sensitivity in single cells. Science, 2010, 329: 533–538

2. 完整的化学主方程及其分析

爆发情形下的化学主方程只含有蛋白质分子个数 n, 而图 12.3 中的转录翻译机制所对应的完整化学主方程, 则需要用二维向量 (m, n) 表示单细胞中有 m 个 mRNA 分子和 n 个蛋白质分子的状态:

$$\frac{\mathrm{d}p(m, n, t)}{\mathrm{d}t} = k_1 p(m-1, n, t) - k_1 p(m, n, t) + d_1(m+1)p(m+1, n, t)$$

$$- d_1 m p(m, n, t) + k_2 m p(m, n-1, t) - k_2 m p(m, n, t)$$

$$+ d_2(n+1)p(m, n+1, t) - d_2 n p(m, n, t).$$

最终 mRNA 和蛋白质分子个数平稳分布的均值和方差分别为 (见习题)

$$\langle m \rangle = \frac{k_1}{d_1}, \quad \langle n \rangle = \frac{k_1 k_2}{d_1 d_2},$$

$$\text{var}(m) = \langle m \rangle = \frac{k_1}{d_1}, \quad \text{var}(n) = \frac{k_1 k_2}{d_1 d_2}\left(1 + \frac{k_2}{d_1 + d_2}\right).$$

更重要的是二者的相关系数, 即

$$\rho = \frac{\langle(m - \langle m \rangle)(n - \langle n \rangle)\rangle}{\sqrt{\text{var}(m)} \cdot \sqrt{\text{var}(n)}} = \sqrt{\frac{d_2}{d_1 + d_2}\frac{1}{1 + \dfrac{d_1 + d_2}{k_2}}}.$$

当 d_1 很大时, 该相关系数近似于零, 这一点在原核生物的单细胞实验上已经被证实了 (图 12.6(B), 详细理论分析可以看该图题中所给文献的 Supporting online material Sec.17). (思考: 由完整的转录翻译模型计算出来的平稳分布均值和方差与前面爆发型近似下的均值和方差有何异同?)

12.2.2 两状态基因开关模型

两状态基因开关模型如图 12.7(A) 所示.

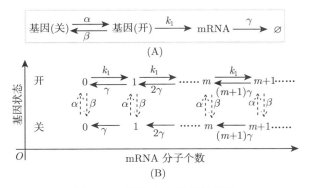

图 12.7 两状态基因开关模型

我们可以列出该模型的完整化学主方程 (图 12.7(B)). 为了简单起见, 这里我们不考虑蛋白质, 只列出基因状态和 mRNA 分子个数的化学主方程. 用 $p_{\text{on}}(m)$ 表示基因处于开状态, 且 mRNA 分子有 m 个的概率; $p_{\text{off}}(m)$ 表示基因处于关状态, 且 mRNA 分子有 m 个的概率. 于是

$$\frac{\mathrm{d}p_{\text{on}}(m)}{\mathrm{d}t} = k_1 p_{\text{on}}(m-1) + \gamma(m+1)p_{\text{on}}(m+1) + \alpha p_{\text{off}}(m)$$
$$- (k_1 + \gamma m + \beta)\,p_{\text{on}}(m),$$
$$\frac{\mathrm{d}p_{\text{off}}(m)}{\mathrm{d}t} = \gamma(m+1)p_{\text{off}}(m+1) + \beta p_{\text{on}}(m) - (\gamma m + \alpha)\,p_{\text{off}}(m).$$

很容易求得平稳分布的均值和方差:

$$\langle m \rangle = \frac{\beta k_1}{(\alpha+\beta)\gamma}, \quad \text{var}(m) = \frac{\beta k_1}{(\alpha+\beta)\gamma} + \frac{\alpha\beta k_1^2}{(\alpha+\beta)^2(\alpha+\beta+\gamma)\gamma},$$

因此 Fano 因子 (方差除以均值) 是

$$F = 1 + \frac{\alpha\beta k_1}{(\alpha+\beta)(\alpha+\beta+\gamma)\beta}.$$

如果 $\gamma \gg \alpha+\beta$, 那么 $\langle m \rangle + F \approx 1 + \dfrac{k_1}{\gamma}$, 与 α 和 β 无关.

一般情况下很难给出该模型平稳分布的具体表达式, 但是在比如 α, β 很大或很小的情形下, 可以有很好的近似. 当 α 和 β 很大时, 我们可以把 (on, m) 和 (off, m) 合并成一个状态, 即基因在开、关两个状态之间切换的速率太快, 以至于在转录和翻译过程中并不能显现. 此时等效为图 12.3 所示的最简单机制, 只是转录速率变为 $\dfrac{\alpha k_1}{\alpha+\beta}$, 所以最终 mRNA 的平稳分布还是泊松分布.

当 α 和 β 很小时, 几乎可以认为图 12.7(B) 中的上、下两行之间是断裂的, 于是各自形成泊松分布, 其均值分别为 $\lambda_1 = \dfrac{k_1}{\gamma}$ 和 $\lambda_2 = 0$. 因此, 两个分布的峰值相差甚远, 以至于总的平稳分布可以近似为

$$p(0) = \frac{\alpha}{\alpha+\beta}\mathrm{e}^{-\lambda_1} + \frac{\beta}{\alpha+\beta}, \quad p(m) = \frac{\alpha}{\alpha+\beta}\frac{\lambda_1^m}{m!}\mathrm{e}^{-\lambda_1} \quad (m \geqslant 1), \quad (12.8)$$

它是双峰的! 这称为 "随机双稳", 因为如果根据图 12.7(A) 列出确定性方程, 最后只能得到唯一一个稳定不动点. 不存在两个稳定不动点共存的情况.

最近, 两状态基因开关模型和单分子酶动力学实验技术结合, 成功揭示了活细胞内的一个与 DNA 力学性质紧密相关的重要且普适的机制, 即细菌内转录随机爆发现象 (transcriptional bursting) 的分子机制 (见阅读材料 [1]). 这是随机数学模型和高分辨率实验技术相结合的一个典型例子. 具体如下:

即使是在细菌中, DNA 分子也不是自由的, 它们会被分成一段一段的, 锚定在一些大的蛋白质分子上. 同时, 早在 20 世纪 80 年代, 人们就发现在 DNA 转录的过程中, 处于 RNA 聚合酶前方的 DNA 链将聚集所谓正超螺旋 (positive supercoiling), 通俗地讲就是 DNA 双螺旋结构原本是每 10.5 个碱基对转一圈 (360°) 的, 而现在被转得越来越紧, 每转一圈的碱基对数目越来越少, DNA 形变越来越厉害了; 与此相对应的, 处于 RNA 聚合酶后方的 DNA 链将产生负超螺旋 (negative supercoiling), 即完成一圈的碱基对数目越来越多. 这两种 DNA 形变将由于 DNA 被锚定在一些大分子上而无法相互抵消. 因此细胞内需要有两种酶: 拓扑异构酶 (Topoisomerase), 专门负责在 RNA 聚合酶的后方释放负超螺旋; 旋转酶 (gyrase), 专门负责在 RNA 聚合酶的前方释放正超螺旋. 但是有研究表明, 拓扑异构酶的活性是很高的, 而旋转酶的活性是不高的, 且旋转酶在活细胞内的分子数目也并不十分多, 平均到每一段被锚定的 DNA 片段只有大约一个旋转酶分子. 研究人员发展了一套高通量的体外单分子荧光技术, 可以实时地观测到单个分子上正在发生的转录过程. 通过这一技术, 研究人员发现, 转录过程在 RNA 聚合酶前段不断聚集起来的正超螺旋, 会渐渐地减慢 RNA 聚合酶的延伸速度, 并最终彻底阻止转录的起始. 而旋转酶分子和 DNA 分子的结合又可以使得转录得以继续. 然后, 研究人员利用单细胞 mRNA 技术荧光原位杂交 (FISH) 技术测到的活细胞体内 mRNA 分子个数的分布, 拟合两状态基因开关模型的平稳分布 (即 (12.8) 式), 从而推断出转录爆发的工作周期 (β/α), 即 DNA 转录处于活跃和不活跃状态的平均时间的比值. 研究人员发现, 该比值依赖于细胞内的旋转酶浓度, 而且当在细胞内质粒的转录下游人为添加一个旋转酶的强结合位点时, 发现 DNA 转录处于活跃和不活跃状态的平均时间的比值是最高的.

综合以上的实验和理论, 该研究表明, 细菌里的转录爆发机制, 就是来源于旋转酶分子与 DNA 分子的不断随机结合与解离, 从而导致该 DNA 片段的超螺旋情况发生改变.

§12.3 建立化学主方程的一般方法

考虑一个包含 M 个反应物 $R_1, R_2, \cdots, R_M$ 的生物化学系统, 其中进行着 N 个化学反应[①]:

$$\sum_{m=1}^{M} c_{mn} R_m \xrightarrow{k_n} \sum_{m=1}^{M} d_{mn} R_m \quad (k_n \geqslant 0, \ n = 1, 2, \cdots, N,) \quad (12.9)$$

该系统的化学计量学矩阵 (化学反应中反应物与产物之间的定量关系) 为

$$S = \{s_{mn} = d_{mn} - c_{mn}\}_{M \times N},$$

其第 n 列表示第 n 个化学反应中反应物与产物之间的定量关系.

定义上述反应的质量作用定律速率向量为

$$\boldsymbol{v}(\boldsymbol{x}) = \left\{ v_n(\boldsymbol{x}) = k_n \prod_{l=1}^{M} (x_l)^{c_{ln}} \right\}_{N \times 1}, \quad \boldsymbol{x} \in \mathbf{R}^M.$$

令 $\boldsymbol{C}(t) = (C_1(t), C_2(t), \cdots, C_M(t))$, 其中 $C_i(t)$ $(i = 1, 2, \cdots, M)$ 表示 R_i 的浓度, 那么根据质量作用定律 (反应的速率正比于生成物浓度的系数次方), 确定性的常微分方程模型是

$$\frac{\mathrm{d}\boldsymbol{C}(t)}{\mathrm{d}t} = \boldsymbol{S} \cdot \boldsymbol{v}(\boldsymbol{C}(t)). \quad (12.10)$$

令 $c_n = \sum_{m=1}^{M} c_{mn}, \ d_n = \sum_{m=1}^{M} d_{mn}$ 分别表示参与第 n 个化学反应中反应物和产物的分子总数. 用 $\boldsymbol{x} = (x_1, x_2, \cdots, x_M)$ 的分量 $x_1, x_2, \cdots, x_M$ 分别表示 $R_1, R_2, \cdots, R_M$ 的分子个数 (都是正整数), 则化学主方程是

$$\frac{\mathrm{d}p(\boldsymbol{x}; t)}{\mathrm{d}t} = \sum_{n=1}^{N} (h_n(\boldsymbol{x} - \boldsymbol{\theta}_n) p(\boldsymbol{x} - \boldsymbol{\theta}_n; t) - h_n(\boldsymbol{x}) p(\boldsymbol{x}; t)), \quad (12.11)$$

---

① 在这里, 将可逆反应看作两个单独的不可逆反应来处理.

其中

$$h_n(\boldsymbol{x}) = \frac{k_n}{V^{c_n-1}} \prod_{m=1}^{M} \frac{x_m!}{(x_m - c_{mn})!} = \tilde{k}_n \prod_{m=1}^{M} \frac{x_m!}{(x_m - c_{mn})!},$$

这里 $\tilde{k}_n = \dfrac{k_n}{V^{c_n-1}}$ 称作第 n 个反应的随机反应速率常数，$\boldsymbol{\theta}_n = \{\theta_{ni}\}_{M \times 1}$ ($\theta_{ni} = \theta_{in}$) 就是第 n 个反应每发生一次，$R_1, R_2, \cdots, R_M$ 分子数目的变化构成的向量，V 是体积. $\boldsymbol{h}(\boldsymbol{x}) = \{h_n(\boldsymbol{x})\}_{N \times 1}$ 是质量作用定律在随机模型中的反映，其中那些阶乘算式所表示的是排列数.

　　从随机过程的理论上来看，(12.11) 式恰好是连续时间马尔可夫链的 Kolmogorov 前进方程 (也称为 Fokker-Planck 方程)，其转移速率矩阵为 $\boldsymbol{Q} = (q_{\boldsymbol{xy}})$，其中

$$q_{\boldsymbol{xy}} = \begin{cases} h_n(\boldsymbol{x}), & \boldsymbol{y} = \boldsymbol{x} + \boldsymbol{\theta}_n, \\ -\displaystyle\sum_{n=1}^{N} h_n(\boldsymbol{x}), & \boldsymbol{y} = \boldsymbol{x}. \end{cases}$$

　　生物化学反应的确定性模型和随机性模型之间的对应关系在 20 世纪 70 年代初由概率学家 Kurtz 所建立. 以体积为参数，化学主方程 (12.11) 所对应的随机轨道记作 $\boldsymbol{X}^V(t)$，其初始状态满足

$$\lim_{V \to \infty} V^{-1} \boldsymbol{X}^V(0) = \boldsymbol{x}_0.$$

确定性常微分方程所对应的初值为 $\boldsymbol{x}_0$ 的解记作 $\boldsymbol{C}(t, \boldsymbol{x}_0)$. Kurtz 证明了，对于任何的 t 和 $\varepsilon > 0$，如下关系成立：

$$\lim_{V \to \infty} P(\sup_{s \leqslant t} |V^{-1} \boldsymbol{X}^V(s) - \boldsymbol{C}(s, x_0)| > \varepsilon) = 0.$$

阅 读 材 料

[1] Chong S S, Chen C Y, Ge H, et al. Mechanism of transcriptional bursting in bacteria. Cell, 2014, 158: 314–326.

[2] Deard D A, Qian H. Chemical Biophysics: Quantitative Analysis of Cellular Systems (Chapter 11). Cambridge: Cambridge University Press, 2008.

[3] Gillespie D T. Exact stochastic simulation of coupled chemical reactions. Journal of Physical Chemistry, 1977, 81: 2340–2361.

[4] McQuarrie D A. Stochastic approach to chemical kinetics. Journal of Applied Probability, 1967, 4: 413–478.

[5] Kurtz T G. The relationship between stochastic and deterministic models for chemical reactions. Journal of Chemical Physics, 1972, 57: 2976–2978.

[6] Springer M, Paulsson J. Harmonies from noise. Nature, 2006, 439: 27–28.

习　　题

1. 计算 k 个独立同分布的指数分布随机变量中的最小值的分布, 它还是指数分布吗?

2. 计算双分子反应

$$A + A \xrightarrow{k, \bar{k}} B$$

中 A 分子个数方差的演化方程.

3. 推导转录翻译模型 (图 12.3) 的完整化学主方程中 mRNA 分子和蛋白质分子个数的均值、方差和它们之间的相关系数.

第十三章 大偏差、非平衡态景观函数和单细胞表型迁移速率理论

单个细胞中的 DNA 转录、翻译以及信号传导等非平衡生命过程不可避免地充满了随机性, 而该随机过程可以由化学主方程模型来描述. 该随机过程的平稳分布经常会出现多个峰的情况, 每个峰对应于一种细胞的表型. 多个表型的共存对于细胞应对不可预知的环境变化是非常重要的, 因此人们希望研究表型的稳定性及表型之间的跃迁速率. 研究这个问题所使用的数学工具是在 20 世纪后半叶概率论中发展起来的大偏差理论. 由于大偏差理论的重要性, 其理论的奠基者之一 Varadhan 教授被授予了 2007 年度的 Abel 奖.

§13.1 大偏差基本知识

大数定律和中心极限定理是概率论中两类最基本的极限定理. 中心极限定理考虑的是满足大数定律的随机变量围绕它的期望的涨落规律. 在这个意义下, 中心极限定理是比大数定律更深一层次的极限定律. 大偏差理论则研究满足大数定律的随机变量偏离其期望的小概率事件趋于零的速度. 因此, 大偏差理论是另一类比大数定律更深一层次的极限定律.

13.1.1 独立同分布随机变量序列

设独立同分布随机变量序列 $\{X_1, X_2, \cdots, X_n, \cdots\}$ 定义于状态空间 $\Omega = \{\omega\}$, 分布为 $P(\omega)$. 令 $S_n = \sum_{i=1}^{n} X_i$, 则根据大数定律, 有

$$P\left(\lim_{n\to\infty} \frac{S_n}{n} = \mu\right) = 1,$$

其中 μ 是随机变量 X_i 的均值, 即 $\langle X_i \rangle$.

1. Level-1 大偏差 (Cramérs 定理，1938 年)

定义 $M(k) = \langle e^{kX_i} \rangle$，则

$$\lambda(k) \overset{\text{def}}{=} \lim_{n\to\infty} \frac{1}{n} \ln\langle e^{kS_n} \rangle = \ln\langle e^{kX_i} \rangle = \ln M(k).$$

Cramérs 证明了

$$P\left(\frac{S_n}{n} = x\right) \sim e^{-nI(x)},$$

即

$$\lim_{n\to\infty} \frac{1}{n} \ln P\left(\frac{S_n}{n} = x\right) = -I(x),$$

其中 $I(x) = \sup_{k\in\mathbf{R}}\{kx - \lambda(k)\}$ 是 $\lambda(k)$ 的 Legendre-Fenchel 变换.

对于正态分布，$I(x) = \dfrac{(x-\mu)^2}{2\sigma^2}$；对于指数分布，$I(x) = \dfrac{x}{\mu} - 1 - \ln\dfrac{x}{\mu}$.

2. Level-2 大偏差 (Sanov 定理，1957 年)

这里我们只考虑最简单的情况，即 X_i 的取值空间有限，设为 $\{x_1, x_2, \cdots\}$. 更复杂的情况可以参考阅读材料 [1], [5]. 设 $P(X_i = x_j) = \mu_j$，经验频率定义为

$$L_{n,j}(\{X_1, X_2, \cdots, X_n\}) = \frac{1}{n} \sum_{i=1}^{n} \delta_{X_i, x_j},$$

其中 $X_i = x_j$ 时 $\delta_{X_i, x_j} = 1$，其他情况时 $\delta_{X_i, x_j} = 0$.

对于任何的概率分布向量 $\boldsymbol{\nu} = (\nu_1, \nu_2, \cdots)$，Sanov 证明了

$$P(L_{n,j} = \nu_j, \forall j) \sim e^{-nD(\boldsymbol{\nu}|\mu)}, \tag{13.1}$$

即

$$\lim_{n\to\infty} \frac{1}{n} \ln P(L_{n,j} = \nu_j, \forall j) = -D(\boldsymbol{\nu}|\mu),$$

其中

$$D(\boldsymbol{\nu}|\mu) = \sup_{\boldsymbol{\nu}}\{\boldsymbol{k}\cdot\boldsymbol{\nu} - \lambda(\boldsymbol{k})\} = \sum_j \nu_j \ln\frac{\nu_j}{\mu_j},$$

$$\lambda(\boldsymbol{k}) = \lim_{n\to\infty} \frac{1}{n} \ln\langle e^{n\boldsymbol{k}\cdot\boldsymbol{L}_n} \rangle = \ln\sum_j \mu_j e^{k_j},$$

$$\boldsymbol{L}_n = (L_{n,1}, L_{n,2}, \cdots), \quad \boldsymbol{k} = (k_1, k_2, \cdots).$$

13.1.2 一般理论

对于一列随机变量 $\{A_n\}$，称其满足**大偏差原理**，即有

$$\lim_{n\to\infty} -\frac{1}{n}\ln P(A_n = a) = I(a),$$

简记为

$$P(A_n = a) \sim \mathrm{e}^{-nI(a)},$$

其中 $I(a)$ 称为**速率函数**，$I(a) \geqslant 0$. 大偏差理论的核心就在于：

(1) 证明满足大偏差原理；

(2) 计算速率函数 I.

大偏差理论的基础是 Varadhan 在 20 世纪 60 年代完善的，其精确提法如下：$\mathcal{X}$ 是可度量空间，$\mathcal{B}$ 为 $\mathcal{X}$ 上的全体 Borel 集，$\mathcal{M}_1(\mathcal{X})$ 为 $\mathcal{X}$ 上全体概率测度. $\mathcal{M}_1(\mathcal{X})$ 上赋以测度弱收敛拓扑：$\mu_n, \mu \in \mathcal{M}_1(\mathcal{X})$，$\mu_n \to \mu$，是指对 $\forall f \in C_b(\mathcal{X})$ (有界连续函数全体)，有

$$\int_{\mathcal{X}} f(x)\mathrm{d}\mu_n(x) \longrightarrow \int_{\mathcal{X}} f(x)\mathrm{d}\mu(x).$$

设 $\{P_\varepsilon\} \subset \mathcal{M}_1(\mathcal{X}), \varepsilon > 0, I(x)$ 是 $\mathcal{X}$ 上的广义实值函数.

定义 如果下述条件 (1) $\sim$ (5) 成立，就称 $\mathcal{X}$ 上的概率测度族 $\{P_\varepsilon\}$ 满足**大偏差原理**，以 $I(x)$ 为速率函数：

(1) $0 \leqslant I(x) \leqslant +\infty$；

(2) $I(x)$ 在 $\mathcal{X}$ 上下半连续；

(3) 对 $\forall l < +\infty$，水平集 $\{x | I(x) \leqslant l\}$ 是紧集；

(4) 对 $\forall$ 闭集 $C \in \mathcal{B}$，有

$$\limsup_{\varepsilon \downarrow 0} \varepsilon \ln P_\varepsilon(C) \leqslant -\inf_{x \in C} I(x);$$

(5) 对 $\forall$ 开集 $G \in \mathcal{B}$，有

$$\liminf_{\varepsilon \downarrow 0} \varepsilon \ln P_\varepsilon(G) \geqslant -\inf_{x \in G} I(x).$$

称 $\mathcal{X}$ 上满足条件 (1), (2), (3) 的函数 $I(x)$ 为**大偏差速率函数**，(4) 为**大偏差上界估计**，(5) 为**大偏差下界估计**.

注 1 定义中的 $\varepsilon \to 0$, 可用 $\lambda = \dfrac{1}{\varepsilon} \to \infty$ 来代替. 考虑 $\{P_n\}, n \to \infty$ 的渐近行为时, (4), (5) 应当分别改为:

(4)′ 对 $\forall$ 闭集 C, 有

$$\limsup_{n \to \infty} \frac{1}{n} \ln P_n(C) \leqslant - \inf_{x \in C} I(x);$$

(5)′ 对 $\forall$ 非空开集 G, 有

$$\liminf_{n \to \infty} \frac{1}{n} \ln P_n(G) \geqslant - \inf_{x \in G} I(x).$$

注 2 大偏差原理满足, 则大偏差函数唯一.

Varadhan 引理 设随机变量序列 $\{A_n\}$ 满足大偏差原理, 即 $P(A_n = a) \sim \mathrm{e}^{-nI(a)}$, 定义

$$\langle \mathrm{e}^{nf(A_n)} \rangle = \int_{-\infty}^{+\infty} \mathrm{e}^{nf(a)} P(A_n = a) \mathrm{d}a,$$

则极限

$$\lambda(f) = \lim_{n \to \infty} \frac{1}{n} \ln \langle \mathrm{e}^{nf(A_n)} \rangle$$

存在, 且

$$\lambda(f) = \sup_a \{f(a) - I(a)\}.$$

当 $f(a) = ka$ 时, 简记为 $\lambda(k)$, 即

$$\lambda(k) = \sup_a \{ka - I(a)\}.$$

Bryc 定理 (逆 Varadhan 引理) 如果对于任何的有界连续函数 $f \in C_b$, 极限

$$\lambda(f) = \lim_{n \to \infty} \frac{1}{n} \ln \langle \mathrm{e}^{nf(A_n)} \rangle = \lim_{n \to \infty} \frac{1}{n} \ln \int_{-\infty}^{+\infty} \mathrm{e}^{nf(a)} P(A_n = a) \mathrm{d}a$$

存在, 且 A_n 的分布是指数紧的, 则随机变量序列 $\{A_n\}$ 满足大偏差原理, 即 $P(A_n = a) \sim \mathrm{e}^{-nI(a)}$, 其速率函数为

$$I(x) = \sup_{f \in C_b} \{f(x) - \lambda(f)\},$$

且
$$\lambda(f) = \sup_x \{f(x) - I(x)\}.$$
这里的 $I(x)$ 不一定是凸的.

Gärtner-Ellis 定理 (Gärtner，1977；Ellis，1984) 如果 $\lambda(k)$ 在 0 的某个邻域内存在且可导:

$$\lambda(k) = \lim_{n\to\infty} \frac{1}{n} \ln\langle e^{knA_n}\rangle = \lim_{n\to\infty} \frac{1}{n} \ln \int_{-\infty}^{+\infty} e^{kna} P(A_n = a)\mathrm{d}a,$$

则随机变量序列 $\{A_n\}$ 满足大偏差原理, 即 $P(A_n = a) \sim e^{-nI(a)}$, 其速率函数为

$$I(a) = \sup_k \{ka - \lambda(k)\}.$$

因此 $I(a)$ 是凸的, 且

$$\lambda'(0) = \lim_{n\to\infty}\langle A_n\rangle, \quad \lambda''(0) = \lim_{n\to\infty} n\cdot \mathrm{var}(A_n).$$

更进一步, 还有 A_n 指数收敛到 $\lambda'(0)$.

收缩原理 设随机变量序列 $\{A_n\}$ 满足大偏差原理, 即 $P(A_n = a) \sim e^{-nI_A(a)}$, 又设 $B_n = f(A_n)$, B_n 的概率为

$$P(B_n = b) = \int_{f^{-1}(b)} P(A_n = a)\mathrm{d}a,$$

则随机变量序列 $\{B_n\}$ 满足大偏差原理, 即 $P(B_n = b) \sim e^{-nI_B(b)}$, 其速率函数为

$$I_B(b) = \min_{a:f(a)=b}\{I_A(a)\} = \min_{f^{-1}(b)}\{I_A(a)\}.$$

速率函数性质: $I(a)$ 的最小值, 也即零点, 所对应的 a^* 是 A_n 的最可能取值, 对应于大数定律; $I(a)$ 在 a^* 附近的二阶展开, 对应于中心极限定理 (严格来说, 还需要一点技术性条件才能得到该对应).

13.1.3 大偏差的分类

粗略地讲, 大偏差的分类就是大数定律的分类, 这里的大数定律也包括在分布空间和轨道空间的大数定律, 分各种层次. 对于过程来说, 无非就是时间趋于无穷和随机性趋于零两种. 最常见的研究大偏

差原理的随机模型是独立同分布随机变量序列、马尔可夫过程、相互作用粒子系统、动力系统的随机扰动、化学主方程等等, 所考虑的大数定律包括平均值、经验分布、随机轨道、占位时以及经验分布的轨道等等.

§13.2 单细胞正反馈磷酸化–去磷酸化 信号开关的化学主方程模型

先回顾第五章最后介绍过的确定性模型.

完整的磷酸化–去磷酸化环反应模型是

$$
\begin{aligned}
& \mathrm{E} + \mathrm{ATP} + \mathrm{K}^* \underset{a_{-1}}{\overset{a_1}{\rightleftharpoons}} \mathrm{E}^* + \mathrm{ADP} + \mathrm{K}^*, \\
& \mathrm{K} + 2\mathrm{E}^* \underset{a_{-3}}{\overset{a_3}{\rightleftharpoons}} \mathrm{K}^*, \quad \mathrm{E}^* + \mathrm{P} \underset{a_{-2}}{\overset{a_2}{\rightleftharpoons}} \mathrm{E} + \mathrm{Pi} + \mathrm{P},
\end{aligned}
\tag{13.2}
$$

其中 E 和 E* 是一个信号蛋白的非激活和激活形式; K 和 P 是激酶和磷酸酯酶, 分别催化磷酸化和去磷酸化反应; K 和 K* 是激酶的非激活和激活形式. ATP 的水解 $\mathrm{ATP} \rightleftharpoons \mathrm{ADP} + \mathrm{Pi}$ 提供该反应的化学驱动力. 细胞里, K, P, ATP, ADP 和 Pi 的浓度都是不变的, 且 $[\mathrm{E}] + [\mathrm{E}^*] = \mathrm{E_{tot}}$. 这里假设的是 K 和 P 的浓度不变, 而不是 $[\mathrm{K}] + [\mathrm{K}^*]$ 不变, 一方面是为了数学上的简化, 另一方面是因为细胞的确具有再生机制来保持某些物质浓度不变. 当然, 在不同的实验条件下, 这些假设也是需要调整的.

设 $k_1 = a_1 a_3 [\mathrm{ATP}]/a_{-3}$, $k_{-1} = a_{-1} a_3 [\mathrm{ADP}]/a_{-3}$, $k_2 = a_2[\mathrm{P}]$, $k_{-2} = a_{-2}[\mathrm{Pi}][\mathrm{P}]$. 假设结合反应 $\mathrm{K} + 2\mathrm{E}^* \rightleftharpoons \mathrm{K}^*$ 处于快速平衡, 则该模型可以简化为 $\mathrm{E} \rightleftharpoons \mathrm{E}^*$, 正向和反向反应速率分别是

$$
R^+(x) = (k_1[\mathrm{K}]x^2 + k_{-2})(\mathrm{E_{tot}} - x) \quad \text{和} \quad R^-(x) = (k_2 + k_{-1}[\mathrm{K}]x^2)x,
$$

其中 $x(t) = [\mathrm{E}^*](t)$.

确定性模型是

$$
\begin{aligned}
\frac{\mathrm{d}x}{\mathrm{d}t} &= R^+(x) - R^-(x) \\
&= k_2 \left\{ \theta x^2 \left[(\mathrm{E_{tot}} - x) - \varepsilon x \right] + \left[\mu(\mathrm{E_{tot}} - x) - x \right] \right\}
\end{aligned}
$$

$$\overset{\text{def}}{=\!=\!=} r(x; \theta, \varepsilon), \tag{13.3}$$

其中三个参数为 $\theta = k_1[\mathrm{K}]/k_2$, $\varepsilon = k_{-1}/k_1$, $\mu = k_{-2}/k_2$.

鞍结点分岔见图 5.6.

对于随机化学主方程模型, 我们必须用 E^* 的分子个数 X, 而不是浓度来表示单细胞的状态. 浓度 $x = X/V$, 其中 V 是体积. t 时刻 E^* 的分子个数恰好等于 n 的概率 $p(n, t) = P(X(t) = n)$ 满足化学主方程

$$\frac{\partial p(n, t)}{\partial t} = V R^+ \left(\frac{n-1}{V} \right) p(n-1, t) + V R^- \left(\frac{n+1}{V} \right) p(n+1, t)$$

$$- V \left(R^+ \left(\frac{n}{V} \right) + R^- \left(\frac{n}{V} \right) \right) p(n, t)$$

$$(n = 0, 1, 2, \cdots, N; N = \mathrm{E}_{\mathrm{tot}} V).$$

请注意这是在快、慢尺度分离后的近似化学主方程, 而且因为我们下面要考虑的是 V 很大, 分子个数很大时的情况, 所以这里就没有区分 n^2 和 $n(n-1)$.

13.2.1 非平衡态景观函数和相变

Kurtz 在 1972 年证明了, 在有限时间尺度内, 化学主方程的随机轨道会依概率趋于确定性模型的轨道. 但是, 在时间趋于无穷的时候, 情况就很不一样了. 注意到平稳分布就是时间趋于无穷的形态, 所以我们来看看化学主方程的平稳分布与确定性模型不动点之间的关系.

化学主方程的平稳分布为

$$p^{\mathrm{ss}}(n) = p^{\mathrm{ss}}(0) \prod_{i=1}^{n} \frac{R^+ \left(\dfrac{i-1}{V} \right)}{R^- \left(\dfrac{i}{V} \right)} \quad (n = 0, 1, 2, \cdots, N). \tag{13.4}$$

于是, 当 V 很大时, 有

$$p^{\mathrm{ss}}(xV) \propto A e^{-V\phi(x)}, \tag{13.5}$$

其中 A 为 V 的低阶项, 而

$$\phi(x) = -\int_0^x \ln \frac{R^+(y)}{R^-(y)} \mathrm{d}y$$

$$= \mathrm{E_{tot}} \ln(\mathrm{E_{tot}} - x) - x \ln \frac{(\mathrm{E_{tot}} - x)(\theta x^2 + \mu)}{x(\theta \varepsilon x^2 + 1)}$$

$$+ 2\sqrt{\frac{\mu}{\theta}} \arctan \sqrt{\frac{\theta}{\mu}} x - \frac{2}{\sqrt{\theta \varepsilon}} \arctan \sqrt{\theta \varepsilon} x. \tag{13.6}$$

注意到

$$\frac{\mathrm{d}\phi(x)}{\mathrm{d}x} = -\ln \frac{R^+(x)}{R^-(x)} = -\ln \frac{(\mathrm{E_{tot}} - x)(\theta x^2 + \mu)}{x(\theta \varepsilon x^2 + 1)}, \tag{13.7}$$

因此方程 (13.4) 的两个稳定不动点 x_1^* 和 x_2^* 对应于 $\phi(x)$ 的两个极小值点, 而不稳定不动点 x_3^* 对应于 $\phi(x)$ 的极大值点 (图 13.1). 对于每个不动点 x^*,

$$\phi''(x^*) = \frac{1}{x^*} \left[\frac{\mathrm{d} \ln \frac{R^-(x)}{R^+(x)}}{\mathrm{d} \ln x} \right]_{x=x^*} \tag{13.8}$$

和 $\frac{\mathrm{d}}{\mathrm{d}x} \left[(R^- - R^+)(x^*) \right]$ 具有相同的符号. 所以 x^* 是稳定的当且仅当 $\phi''(x^*) > 0$. 在稳定不动点 x^* 附近, 有

$$\phi(x) = \phi(x^*) + \frac{\phi''(x^*)}{2}(x - x^*)^2 + \cdots. \tag{13.9}$$

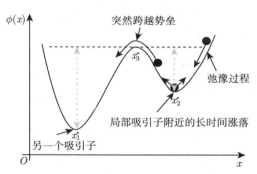

图 13.1　非平衡态景观函数下的动力学

这就意味着若用正态分布近似 $p^{ss}(xV)$ 的话，其方差是 $(V\phi''(x^*))^{-1}$. 也就是说，其实我们推导的这种 $\phi(x)$ 不但包含了大数定律，还包含了中心极限定理. 在概率论里，这就是大偏差理论的速率函数，因为有

$$\frac{1}{V}\ln p^{ss}(xV) \to -\phi(x), \quad V \to \infty.$$

我们把 $\phi(x)$ 称为**非平衡态景观函数**. 方程 (13.5) 最重要的特性是函数 $\phi(x)$ 独立于 V. 因此，虽然 $\phi(x)$ 是双势阱 (即有两个极小值点) 的，但是当 $V \to \infty$ (热力学极限) 时，两个稳定不动点中只有那个具有较低 $\phi(x)$ 值的会最终留下来. 所以，在满足 $\phi(x_1^*) = \phi(x_2^*)$ 的临界值处，非平衡态相变 (一阶相变) 现象就会呈现出来，见图 13.2 和图 13.3.

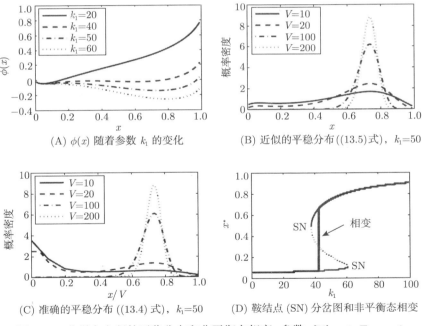

(A) $\phi(x)$ 随着参数 k_1 的变化　　(B) 近似的平稳分布 ((13.5)式)，$k_1=50$

(C) 准确的平稳分布 ((13.4) 式)，$k_1=50$　　(D) 鞍结点 (SN) 分岔图和非平衡态相变

图 13.2　化学主方程的平稳分布和非平衡态相变. 参数：$[K] = 1$，$E_{tot} = 1$，$k_{-1} = 0.01$，$k_2 = 10$，$k_{-2} = 0.5$，与图 5.6 中的参数一样

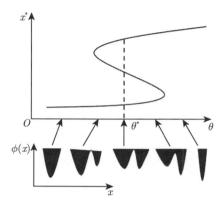

图 13.3 从非平衡态景观函数角度看鞍结点分岔，θ 为参数

13.2.2 速率理论

从稳定不动点 x_1^* 转移到另一个稳定不动点 x_2^* 的平均时间 $T_{1\to 2}$ 可以解析地表达出来：

$$T_{1\to 2} = \sum_{n=0}^{n_1^*} p^{\mathrm{ss}}(n) \sum_{m=n_1^*+1}^{n_2^*} \frac{1}{w_m p^{\mathrm{ss}}(m)} + \sum_{n=n_1^*+1}^{n_2^*-1} p^{\mathrm{ss}}(n) \sum_{m=n+1}^{n_2^*} \frac{1}{w_m p^{\mathrm{ss}}(m)},$$
(13.10)

其中 $n_i^* = [x_i^* V]$，且

$$w_n = V R^- \left(\frac{n}{V}\right).$$

结合 $p^{\mathrm{ss}}(n) \sim A e^{-V\phi\left(\frac{n}{V}\right)}$，我们可以得到化学主方程的表型间迁移速率公式

$$T_{1\to 2} \approx \frac{2\pi e^{V(\phi(x_3^*)-\phi(x_1^*))}}{R^-(x_3^*)\sqrt{-\phi''(x_1^*)\phi''(x_3^*)}}.$$
(13.11)

类似地，我们有

$$T_{2\to 1} \approx \frac{2\pi e^{V(\phi(x_3^*)-\phi(x_2^*))}}{R^-(x_3^*)\sqrt{-\phi''(x_2^*)\phi''(x_3^*)}}.$$
(13.12)

如果我们不是只考虑均值，而来考虑真正的等待时间的分布，数值模拟早就告诉我们，该分布在 V 很大的时候会越来越接近于指数分布. 但是其严格的数学证明十分繁难，这里略去. 这是一个非常重要的

结论, 正是因此我们才可以在更高的层次上把每个稳态 (即 $\phi(x)$ 的局部极小值) 看成马尔可夫链的一个状态, 从而大大简化模型. 其实这样的方法在化学这门学科的诞生之日起就已经在用了, 只是现在我们有了更深刻的认识.

这个非平衡态景观函数 $\phi(x)$ 是由什么来确定的呢? 理论上说, 在一个生物化学系统里, 它是由所有可能参加的分子及反应常数, 或者说整个生化网络决定的, 故称之为 "演生" 或 "涌现" 出的. 最终也可以说, $\phi(x)$ 是由 DNA 所承载的遗传信息和环境变量来决定的, 但是却和具体的基因表达量无关, 因为它们只是生化动力学的结果而已.

13.2.3 三个时间尺度

$\phi(x)$ 对于理解生物化学系统的动力学及其中蕴含的几层不同的时间尺度有着很重要的作用. 这里面蕴含着三个不同的时间尺度: 第一个是单个化学反应的时间尺度; 第二个是确定性模型的弛豫时间尺度; 第三个是在不同稳态之间随机跳跃的时间尺度. 第一个和第三个时间尺度是随机的, 见图 13.4. 真正与细胞的演化和进化相关的是第三个时间

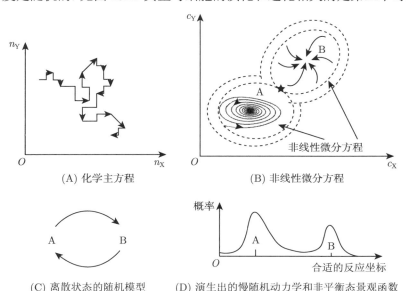

(A) 化学主方程　　(B) 非线性微分方程

(C) 离散状态的随机模型　(D) 演生出的慢随机动力学和非平衡态景观函数

图 13.4　三个时间尺度

尺度，而且虽然第二个时间尺度也能告诉我们系统是否会有双稳态或多稳态，但是却始终无法得到在第三个时间尺度中的核心量，即不同稳态 (表型) 之间的转移速率. 这里特别要强调的一点是，虽然有 $\phi(x)$ 的存在，但是在非平衡态开系统中，仍然可以有环流 (cycle fluxes) 出现，对应于确定性模型中的极限环 (周期解).

§13.3 单细胞自调控基因转录翻译的化学主方程模型

考虑一个具有正反馈机制和两个活跃程度不同的基因状态的最小基因自调控网络 (图 13.5). 假设对应于基因活跃状态 1 的蛋白质合成速率 k_1 足够高，而对应于基因不活跃状态 2 的蛋白质合成速率 k_2 足够低，并假设基因的活跃状态是要结合了若干个产物蛋白质分子后才能形成的. 该基因网络里有三个时间尺度: (1) 蛋白质的衰减速率 γ，一般对应于细胞周期; (2) 在不同基因状态之间的跳跃速率 f 和 $hn(n-1)$ (h 为参数); (3) 基因活跃状态下蛋白质的合成速率 k_1. 一般来说 $\frac{k_1}{\gamma}$ 很大，这意味着时间尺度 (3) 比 (1) 要快得多.

同时，过去十多年中单细胞实验技术的飞速发展，使得人们发现至少在细菌中，基因在活跃程度不同的状态之间的切换，既不像前人的某些模型里假设的那样比转录和翻译的速率还要快得多，也不像前人的另一些模型里假设的那样比细胞分裂的周期还要慢得多. 在这样一类最符合实际情况的中间情形中，单细胞的完整的化学主方程模型可以简化为速率涨落模型，其中仅仅保留了基因在活跃程度不同的状态之间切换的随机性. 在该简化模型下，可以得到相应的非平衡态景观函数，由它不仅可以刻画不同稳态的相对稳定性，还可以推导出单细胞不同表型之间新的跃迁速率公式.

13.3.1 完整的化学主方程模型

在给定的时刻，细胞的化学状态可以由基因状态 $i = 1, 2$ 和蛋白质分子个数 $n = 0, 1, 2, \cdots$ 所描述. 如果基因处于活跃状态的话，蛋白质分子个数包括和 DNA 结合的那些，设其为 δ. 一般而言 δ 是 1 或 2. 设从基因状态 1 到 2 的速率为 $f(n)$，而从基因状态 2 到 1 的速率

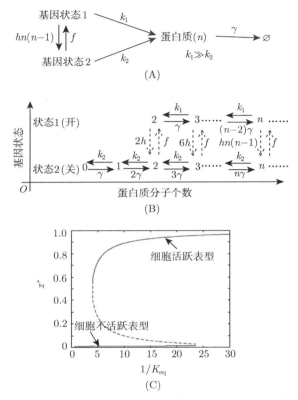

图 13.5 (A) 具有正反馈机制和两个活跃程度不同的基因状态的最小基因调控网络；(B) 完整的化学主方程；(C) 确定性模型的分岔相图. 参数：$k_1 = 10 \ \mathrm{min}^{-1}$, $k_2 = 0.1 \ \mathrm{min}^{-1}$, $\gamma = 0.02 \ \mathrm{min}^{-1}$

为 $h(n)$. 于是化学状态 (i, n) 的分布随时间变化的规律可以由下面的主方程组来描述：

$$
\begin{aligned}
\frac{\mathrm{d}p_1(n, t)}{\mathrm{d}t} =\ & k_1 p_1(n-1, t) - k_1 p_1(n, t) \\
& + \gamma(n+1-\delta)p_1(n+1, t) - \gamma(n-\delta)p_1(n, t) \\
& + h(n)p_2(n, t) - f(n)p_1(n, t), \\
\frac{\mathrm{d}p_2(n, t)}{\mathrm{d}t} =\ & k_2 p_2(n-1, t) - k_2 p_2(n, t)
\end{aligned}
$$

$$+\gamma(n+1)p_2(n+1,t) - \gamma n p_2(n,t)$$

$$-h(n)p_2(n,t) + f(n)p_1(n,t), \tag{13.13}$$

其中 k_1 和 k_2 分别是基因状态 1 和 2 的蛋白质合成速率，γ 是蛋白质分子个数的衰减速率，包括蛋白质的降解和细胞分裂.

13.3.2 推导确定性模型

当基因状态之间的转换极其快时 ($f, h \to \infty$，但是保持它们的商不变)，基因不同状态之间处于快速平衡，即对于任何的 n，有

$$\frac{p_1(n,t)}{p_2(n,t)} \approx \frac{h(n)}{f(n)},$$

因此两个基因状态可以合并成一个具有蛋白质合成速率 $g(n) = \dfrac{h(n)k_1 + f(n)k_2}{h(n) + f(n)}$ 的平均基因状态.

进一步，若蛋白质分子个数的涨落也十分快 ($k_1 \to \infty$)，则重新调整之后的蛋白质分子个数动力学近似服从以 $x = \dfrac{n}{n_{\max}}$ 为连续变量的确定性常微分方程，其中 $n_{\max} = \dfrac{k_1}{\gamma}$，即

$$\frac{\mathrm{d}x}{\mathrm{d}t} = \bar{g}(x) - \gamma x, \tag{13.14}$$

其中 $\bar{g}(x) = \dfrac{\bar{h}(x)k_1 + \bar{f}(x)k_2}{n_{\max}(\bar{h}(x) + \bar{f}(x))}$, $\bar{f}(x) = f(n_{\max}x)$, $\bar{h}(x) = h(n_{\max}x)$.
该动力学模型可以同时具有两个稳定不动点 (图 13.6(C))，中间被一个不稳定的不动点分隔，经常可以用相图来刻画该双稳现象的参数范围.

13.3.3 速率涨落模型和非平衡态景观函数

如果蛋白质分子个数的涨落相比于基因状态之间的跳跃可以忽略的话，那么完整的化学主方程就可以简化为速率涨落模型 (图 13.6). 设 $\tilde{p}_i(x,t) = p_i(xn_{\max}, t)$ $(i = 1, 2)$，则方程组 (13.13) 可以写成

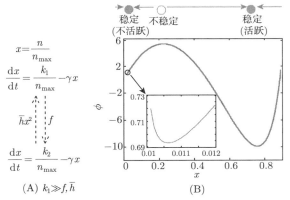

图 13.6 （A）速率涨落模型；（B）速率涨落模型
的非平衡态景观函数, 参数同图 13.5

$$\frac{\partial \tilde{p}_1(x,t)}{\partial t} = k_1 \tilde{p}_1 \left(x - \frac{1}{n_{\max}}, t \right) - k_1 \tilde{p}_1(x,t)$$
$$+ \gamma(x n_{\max} + 1 - \delta) \tilde{p}_1 \left(x + \frac{1}{n_{\max}}, t \right)$$
$$- \gamma(x n_{\max} - \delta) \tilde{p}_1(x,t)$$
$$+ \bar{h}(x) \tilde{p}_2(x,t) - \bar{f}(x) \tilde{p}_1(x,t),$$

$$\frac{\partial \tilde{p}_2(x,t)}{\partial t} = k_2 \tilde{p}_2 \left(x - \frac{1}{n_{\max}}, t \right) - k_2 \tilde{p}_2(x,t)$$
$$+ \gamma(x n_{\max} + 1) \tilde{p}_2 \left(x + \frac{1}{n_{\max}}, t \right)$$
$$- \gamma(x n_{\max}) \tilde{p}_2(x,t)$$
$$- \bar{h}(x) \tilde{p}_2(x,t) + \bar{f}(x) \tilde{p}_1(x,t).$$

(13.15)

作泰勒展开可以得到

$$\tilde{p}_i \left(x - \frac{1}{n_{\max}}, t \right) \approx \tilde{p}_i(x,t) - \frac{1}{n_{\max}} \frac{\partial \tilde{p}_i(x,t)}{\partial x},$$
$$\tilde{p}_i \left(x + \frac{1}{n_{\max}}, t \right) \approx \tilde{p}_i(x,t) + \frac{1}{n_{\max}} \frac{\partial \tilde{p}_i(x,t)}{\partial x}$$

$(i = 1, 2).$

代入 (13.15) 式, 舍去与 $\dfrac{1}{n_{\max}}$ 同阶或更低阶的项, 得到

$$
\begin{aligned}
\frac{\partial \tilde{p}_1(x,t)}{\partial t} =& -\frac{k_1}{n_{\max}} \frac{\partial \tilde{p}_1(x,t)}{\partial x} + \gamma \tilde{p}_1(x,t) + \gamma x \frac{\partial \tilde{p}_1(x,t)}{\partial x} \\
& + \bar{h}(x)\tilde{p}_2(x,t) - \bar{f}(x)\tilde{p}_1(x,t) \\
=& -\frac{\partial}{\partial x}\left[\left(\frac{k_1}{n_{\max}} - \gamma x\right)\tilde{p}_1(x,t)\right] + \bar{h}(x)\tilde{p}_2(x,t) - \bar{f}(x)\tilde{p}_1(x,t), \\
\frac{\partial \tilde{p}_2(x,t)}{\partial t} =& -\frac{k_2}{n_{\max}} \frac{\partial \tilde{p}_2(x,t)}{\partial x} + \gamma \tilde{p}_2(x,t) + \gamma x \frac{\partial \tilde{p}_2(x,t)}{\partial x} \\
& - \bar{h}(x)\tilde{p}_2(x,t) + \bar{f}(x)\tilde{p}_1(x,t) \\
=& -\frac{\partial}{\partial x}\left[\left(\frac{k_2}{n_{\max}} - \gamma x\right)\tilde{p}_2(x,t)\right] - \bar{h}(x)\tilde{p}_2(x,t) + \bar{f}(x)\tilde{p}_1(x,t).
\end{aligned}
$$

这就是速度涨落模型的概率分布随时间演化的方程, 其轨道服从随机耦合的常微分方程动力学规律 (图 13.6(A)).

该模型的平稳分布 $\tilde{p}_i^{\mathrm{ss}}(x)$ 满足

$$
\bar{f}(x)\tilde{p}_1^{\mathrm{ss}}(x) - \bar{h}(x)\tilde{p}_2^{\mathrm{ss}}(x) = -\frac{\partial}{\partial x}\left[\left(\frac{k_1}{n_{\max}} - \gamma x\right)\tilde{p}_1^{\mathrm{ss}}(x)\right],
$$

$$
-\bar{f}(x)\tilde{p}_1^{\mathrm{ss}}(x) + \bar{h}(x)\tilde{p}_2^{\mathrm{ss}}(x) = -\frac{\partial}{\partial x}\left[\left(\frac{k_2}{n_{\max}} - \gamma x\right)\tilde{p}_2^{\mathrm{ss}}(x)\right].
$$

$$
(13.16)
$$

把待定表达式 $\tilde{p}_1^{\mathrm{ss}}(x) = C_1(x)\mathrm{e}^{-\phi_1(x)}$ 和 $\tilde{p}_2^{\mathrm{ss}}(x) = C_2(x)\mathrm{e}^{-\phi_2(x)}$ 代入 (13.16) 式, 然后根据 $\bar{f}(x)$, $\bar{h}(x)$, $\phi_1(x)$ 和 $\phi_2(x)$ 较大, 可以得到第一阶的方程

$$
\bar{f}(x)C_1(x) - \bar{h}(x)C_2(x)\mathrm{e}^{-\phi_2(x)+\phi_1(x)} = \left(\frac{k_1}{n_{\max}} - \gamma x\right)C_1(x)\frac{\mathrm{d}\phi_1(x)}{\mathrm{d}x},
$$

$$
\bar{h}(x)C_2(x) - \bar{f}(x)C_1(x)\mathrm{e}^{-\phi_1(x)+\phi_2(x)} = \left(\frac{k_2}{n_{\max}} - \gamma x\right)C_2(x)\frac{\mathrm{d}\phi_2(x)}{\mathrm{d}x}.
$$

$$
(13.17)
$$

这意味着 $\phi_2(x) = \phi_1(x)$, 且

$$
\frac{C_1(x)}{C_2(x)} = \frac{\bar{h}(x)}{\bar{f}(x) - \left(\dfrac{k_1}{n_{\max}} - \gamma x\right)\dfrac{\mathrm{d}\phi_1(x)}{\mathrm{d}x}} = \frac{\bar{h}(x) - \left(\dfrac{k_2}{n_{\max}} - \gamma x\right)\dfrac{\mathrm{d}\phi_2(x)}{\mathrm{d}x}}{\bar{f}(x)},
$$

于是

$$\frac{\mathrm{d}\phi(x)}{\mathrm{d}x} = \frac{\bar{f}(x)}{\dfrac{k_1}{n_{\max}} - \gamma x} + \frac{\bar{h}(x)}{\dfrac{k_2}{n_{\max}} - \gamma x}, \tag{13.18}$$

其中

$$\phi(x) = \phi_1(x) = \phi_2(x).$$

因此

$$\frac{\mathrm{d}\phi(x(t))}{\mathrm{d}t} = \frac{\mathrm{d}\phi(x)}{\mathrm{d}x}\frac{\mathrm{d}x}{\mathrm{d}t} = \left(\frac{\bar{f}(x)}{\dfrac{k_1}{n_{\max}} - \gamma x} + \frac{\bar{h}(x)}{\dfrac{k_2}{n_{\max}} - \gamma x} \right)(\bar{g}(x) - \gamma x)$$

$$= \left(\frac{\bar{f}(x)}{\dfrac{k_1}{n_{\max}} - \gamma x} + \frac{\bar{h}(x)}{\dfrac{k_2}{n_{\max}} - \gamma x} \right) \left[\frac{\bar{h}(x)k_1 + \bar{f}(x)k_2}{n_{\max}(\bar{f}(x) + \bar{h}(x))} - \gamma x \right]$$

$$= \frac{\left[\bar{f}(x)\left(\dfrac{k_2}{k_1} - x \right) + \bar{h}(x)(1-x) \right]^2}{(1-x)\left(\dfrac{k_2}{k_1} - x \right)(\bar{f}(x) + \bar{h}(x))} \leqslant 0$$

对于任何的 $\dfrac{k_2}{k_1} \leqslant x \leqslant 1$ 成立. 这意味着确定性模型总是沿着非平衡态景观函数 $\phi(x)$ 往下走 (图 13.6(B)).

从严格数学意义上来讲, $\phi(x)$ 正比于平稳分布 $\tilde{p}^{\mathrm{ss}}(x) = \tilde{p}_1^{\mathrm{ss}}(x) + \tilde{p}_2^{\mathrm{ss}}(x)$ 当基因间的切换速率趋于无穷时的大偏差速率函数.

13.3.4 表型迁移速率理论

一般来讲, 表型之间的迁移速率可以定义为平均首达时的倒数. 速率涨落模型里的迁移速率需要用到 Freidlin 和 Wentzell 的书上关于平均 (averaging) 模型的作用泛函和拟势理论 (见阅读材料 [1]). 最后的结论和经典的 Freidlin-Wentzell 理论是一样的, 即从表型 A 到 B 的迁移速率为 (图 13.7)

$$k_{\mathrm{AB}} \approx k_{\mathrm{AB}}^o \exp(-\Delta\phi_{\mathrm{AB}}), \tag{13.19}$$

其中 k^o_{AB} 称为前因子, $\Delta\phi_{AB}$ 是沿着非平衡态景观函数 $\phi(x)$ 在 A 到 B 之间的鞍点处与 A 处的函数值差: $\Delta\phi_{AB} = \phi^\ddagger - \phi_A$, 称为势垒, 这里 $\phi^\ddagger$ 为 $\phi(x)$ 在鞍点处的函数值. 一般而言, k^o_{AB} 无法由非平衡态景观函数直接得到. (13.9) 式是一般表达式, 并不只局限于速率涨落模型.

图 13.8 是对速率涨落模型中的 (13.19) 式的数值模拟结果.

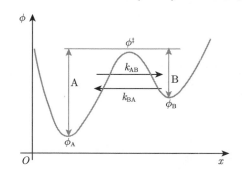

图 13.7 迁移速率 $k_{AB} \approx k^o_{AB} \exp(-\Delta\phi_{AB})$

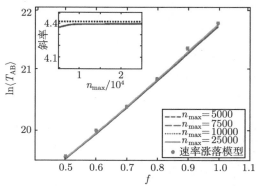

图 13.8 速率涨落模型中从细胞不活跃状态到细胞活跃状态的平均迁移时间 $<T_{AB}>$. 参数同图 13.5

13.3.5 速率涨落模型的数值模拟

速率涨落模型是由一系列的常微分方程 $\left\{\dfrac{\mathrm{d}x}{\mathrm{d}t} = s_i(x), i=1, 2, \cdots, N\right\}$ 组成的, 它们之间的随机转移速率为 $k_{ij}(x)$. 对速率涨落模型, 有两种

经典的数值模拟方法.

1. 标准 Monte-Carlo 方法

系统的状态可以描述为 (x, i),其中 x 是连续变量,i 意味着此刻 x 的动力学服从第 i 个常微分方程. 取一个时间的步长 Δt,我们将模拟一条离散时间的轨道 $\{(x_n, i_n) : n = 0, 1, 2, \cdots\}$,其中 (x_n, i_n) 是系统在时刻 $t = n\Delta t$ 的状态.

给定 (x_n, i_n),我们可以首先用标准的常微分方程模拟方法模拟第 i_n 个常微分方程得到 x_{n+1},然后确定如何决定 i_{n+1}. 由于 $i_{n+1} = i_n$ 的概率可以由 $\exp\left(-\Delta t \sum_{j \neq i} k_{ij}(x_n)\right)$ 来近似,因此我们只需要先模拟一个区间 $[0, 1]$ 上的均匀分布的随机数 r_1,然后 $i_{n+1} = i_n$ 当且仅当 $r_1 < \exp\left(-\Delta t \sum_{j \neq i} k_{ij}(x_n)\right)$. 一旦 $r_1 > \exp\left(-\Delta t \sum_{j \neq i} k_{ij}(x_n)\right)$,则 $i_{n+1} = j$ $(j \neq i)$ 以正比于 $k_{ij}(x_n)$ $(j \neq i)$ 的概率决定 i_{n+1}. 这种离散化时间的模拟方法称为**标准 Monte-Carlo 方法**.

2. Doob-Gillespie 方法

设一开始 $(t = 0)$ 系统在状态 (x_0, i_0),变量 x 的演化服从第 i_0 个常微分方程. 我们知道如何在系统跳跃到另一个常微分方程之前模拟该轨道. 跳跃的等待时间 T 的分布是

$$P(T > t) = \exp\left(-\int_0^t \sum_{j \neq i_0} k_{i_0 j}(x(s))\mathrm{d}s\right),$$

因此我们先模拟一个 $[0, 1]$ 上的均匀分布的随机数 r_1,然后等待时间 T_0 可以由 $r_1 = \exp\left(-\int_0^{T_0} \sum_{j \neq i} k_{i_0 j}(x(s))\mathrm{d}s\right)$ 来得到. 下一步,该系统在时刻 T_0 跳跃到第 j 个常微分方程 $(j \neq i_0)$ 当且仅当 $\sum_{l < j, l \neq i_0} k_{i_0 l}(x(T_0)) \leqslant r_2 \sum_{l \neq i_0} k_{i_0 l}(x(T_0)) < \sum_{l \leqslant j, l \neq i_0} k_{i_0 l}(x(T_0))$,其中 r_2 是另一个 $[0, 1]$ 上的均匀分布的随机数. 这种精确模拟随机轨道的方法称为 **Doob-Gillespie 方法**.

13.3.6 基因状态快速平衡下的化学主方程和非平衡态景观函数

现在我们来分析另一种情形 (图 13.9). 如果我们假设基因状态之间的跳跃比基因活跃状态的蛋白质生成速率还要快得多, 就可以简单地合并所有的基因状态, 因为它们处于快速平衡之中. 设蛋白质分子个数的分布为 $p(n, t) = p_1(n, t) + p_2(n, t)$, 于是根据 (13.13) 式, 我们有

$$
\begin{aligned}
\frac{\partial p(n, t)}{\partial t} = {} & [k_1 p_1(n-1, t) + k_2 p_2(n-1, t)] - [k_2 p_2(n, t) + k_1 p_1(n, t)] \\
& + [\gamma(n+1-\delta)p_1(n+1, t) + \gamma(n+1)p_2(n+1, t)] \\
& - [\gamma(n-\delta)p_1(n, t) + \gamma n p_2(n, t)].
\end{aligned}
\tag{13.20}
$$

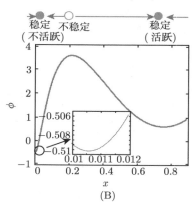

图 13.9 (A) 简化的化学主方程; (B) 简化的化学主方程的非平衡态景观函数

由快速平衡条件 $\dfrac{p_1(n, t)}{p_2(n, t)} = \dfrac{h(n)}{f(n)}$, 即 $p_1(n, t) = \dfrac{h(n)}{f(n) + h(n)} p(n, t)$ 和 $p_2(n, t) = \dfrac{f(n)}{f(n) + h(n)} p(n, t)$, 我们可以得到 $p(n, t)$ 随时间的变化

$$\frac{\partial p(n,t)}{\partial t} = k(n-1)p(n-1,t) - k(n)p(n,t)$$
$$+ \tilde{\gamma}(n+1)p(n+1,t) - \tilde{\gamma}(n)p(n,t), \qquad (13.21)$$

其中

$$k(n) = \frac{k_1 h(n) + k_2 f(n)}{h(n) + f(n)}, \quad \tilde{\gamma}(n) = \frac{h(n)(n-\delta) + f(n)n}{h(n) + f(n)}\gamma.$$

其平稳分布为

$$p^{\mathrm{ss}}(n) = p^{\mathrm{ss}}(0) \prod_{i=0}^{n-1} \frac{k(i)}{\tilde{\gamma}(i+1)}.$$

只要 $n_{\max}$ 足够大, 我们就可以将 $p^{\mathrm{ss}}(xn_{\max})$ 近似为

$$p^{\mathrm{ss}}(xn_{\max}) = p^{\mathrm{ss}}(0) \exp\left(\sum_{i=0}^{xn_{\max}-1} \ln\frac{k(i)}{\tilde{\gamma}(i+1)} \right)$$

$$= p^{\mathrm{ss}}(0) \exp\left(n_{\max} \sum_{i=0}^{xn_{\max}-1} \frac{1}{n_{\max}} \ln\frac{\overline{k}\left(\dfrac{i}{n_{\max}}\right)}{\overline{\gamma}\left(\dfrac{i+1}{n_{\max}}\right)} \right)$$

$$\approx p^{\mathrm{ss}}(0) \exp\left(n_{\max} \int_0^x \ln\frac{\overline{k}(y)}{\overline{\gamma}(y)}\mathrm{d}y \right),$$

其中

$$\overline{k}\left(\frac{i}{n_{\max}}\right) = k(i), \quad \overline{\gamma}\left(\frac{i}{n_{\max}}\right) = \tilde{\gamma}(i).$$

当 $n_{\max}$ 很大时, $\overline{k}(y) = k(yn_{\max}) \approx \bar{g}(y)$, $\overline{\gamma}(y) = \tilde{\gamma}(yn_{\max}) \approx \gamma y$, 因此定义为 $-\ln p^{\mathrm{ss}}(xn_{\max})$ 的第一阶近似的非平衡态景观函数 $\phi(x)$ 满足

$$\frac{\mathrm{d}\phi(x)}{\mathrm{d}x} = -n_{\max}\ln\frac{\bar{g}(x)}{\gamma x}. \qquad (13.22)$$

然后我们有

$$\frac{\mathrm{d}\phi(x(t))}{\mathrm{d}t} = \frac{\mathrm{d}\phi(x)}{\mathrm{d}x}\frac{\mathrm{d}x}{\mathrm{d}t} = -n_{\max}\ln\frac{\bar{g}(x)}{\gamma x}(\bar{g}(x) - \gamma x) \leqslant 0.$$

这也意味着确定性模型将沿着 $\phi(x)$ 下降 (图 13.9(B)).

从严格数学意义上来讲,$\phi(x)$ 正比于平稳分布 $p^{ss}(n)$ 当 n_{max} 趋于无穷时的大偏差速率函数.

在该一维化学主方程模型中,表型之间的跃迁速率 $k_{AB} \approx k_{AB}^o \cdot \exp(-\Delta\phi_{AB})$ 可以直接算出来,且 k_{AB}^0 也能从非平衡态景观函数直接得到,为 $\dfrac{w(x_3^*)}{2\pi}\sqrt{-\phi''(x_1^*)\phi''(x_3^*)}$,其数学推导和 13.2.2 小节完全一样.

图 13.10(A) 是简化的化学主方程模型中的 (13.19) 式的数值模拟结果,图 13.10(B) 是不同的简化模型及速率公式成立的条件.

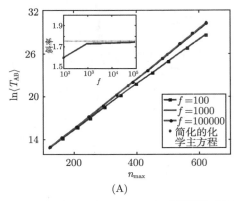

(A)

速率涨落模型	非平衡态景观函数及相应的速率公式	简化的化学主方程	非平衡态景观函数及相应的速率公式
$k_1 \gg f, \bar{h}, \gamma$	$k_1 \gg f, \bar{h} \gg \gamma$	$f, \bar{h} \gg k_1, \gamma$	$f, \bar{h} \gg k_1 \gg \gamma$

(B)

图 13.10 (A) 简化的化学主方程模型中从细胞不活跃状态到细胞活跃状态的平均迁移时间;(B) 不同的简化模型所对应的条件

阅读材料

[1] Freidlin M I, Wentzell A D. Random Perturbations of Dynamical Systems. New York: Spinger, 1998.

[2] Ge H, Qian H. Thermodynamic limit of a nonequilibrium steady state: Maxwell-type construction for a bistable biochemical system.

Physical Review Letters, 2009, 103: 148103.

[3] Qian H. Cellular biology in terms of stochastic nonlinear biochemical dynamics: Emergent properties, isogenetic variations and chemical system inheritability. Journal of Statistical Physics, 2010, 141: 990–1013.

[4] Ge H, Qian H, Xie X S. Stochastic phenotype transition of a single cell in an intermediate region of gene state switching. Physical Review Letters, 2015, 114: 078101.

[5] Shwartz A, Weiss A. Large Deviations for Performance Analysis. London: Chapman & Hall, 1995.

[6] Faggionato A, Gabrielli D, Ribezzi Givellan M. Non-equilibrium theomoelynamics of piecewise deterministic Markov processes. J Stat Phys, 2009, 137: 259–304.

第十四章　高聚物模型

　　高聚物 (高分子聚合物) 是通过一定形式的聚合反应生成的, 具有相当高相对分子质量的大分子, 其中的 "单元" 是一个一个化学基团, 而且这些基团之间都是通过共价键连接起来的.

　　高聚物在自然界中大量存在, 被称为天然高聚物. 在生物界中, 天然高聚物构成生物体中的蛋白质、碳水化合物、脂类和核酸; 食物中的淀粉, 衣服原料的棉、毛、丝、麻以及木材、橡胶等等, 都是天然高聚物. 非生物界中, 如长石、石英、金刚石等, 都是无机天然高聚物. 天然高聚物可以通过化学加工成天然高聚物的衍生物, 从而改变其加工性能和使用性能, 例如硝酸纤维素、硫化橡胶等. 完全由人工方法合成的高聚物, 在高聚物科学中占有非常重要的地位. 这种高聚物是由一种或几种小分子作为原料, 通过加聚反应或缩聚反应生成的. 用作原料的小分子称为单体, 如由乙烯 (单体) 经加聚反应得聚乙烯, 由乙二醇 (单体) 和对苯二甲酸 (单体) 经缩聚反应生成聚对苯二甲酸乙二酯.

　　1947 年, 德国化学家赫尔曼·施陶丁格 (Hermann Staudinger) 主持编辑出版了杂志《高分子化学》, 形象地描绘了高分子 (macromolecules) 存在的形式. 从此, 他把 "高分子" 这个概念引进科学领域, 并确立了高聚物溶液的黏度与相对分子质量之间的关系, 创立了确定相对分子质量的黏度理论 (后来称为施陶丁格定律). 他的科研成就对当时的塑料、合成橡胶、合成纤维等工业的蓬勃发展起了积极作用. 施陶丁格获得了 1953 年的诺贝尔化学奖.

　　1974 年, 美国高聚物物理化学家弗洛里 (Paul J. Flory) 获得了诺贝尔化学奖. 他的以理论性为主的工作在高聚物科学领域, 尤其在高聚物物理性质与结构的研究方面取得了巨大成就. 1991 年, 法国科学家吉尼 (Pierre-Gilles de Gennes) 获得了诺贝尔物理学奖. 他成功地将研究简单体系中有序现象的方法推广到高聚物、液晶等复杂体系.

　　这里面特别值得一提的是弗洛里. 可以这么说, 他之所以获得诺贝尔化学奖, 就是因为他是高聚物数理模型的集大成者, 当然这里面需要综合很多物理化学和随机模型的知识. 他在研究这些物理化学问题的过程中, 还提出了自回避随机游动的数学模型, 而这个模型随后在随机过程领域引起了不小的反响, 至今该模型和 Schramm-Loewner Evolution (SLE) 对应关系的严格证明仍然是随机过程领域尚未解决的重要问题之一.

§14.1 静态构象的统计物理模型

高聚物构象的静态性质中最关键的是所谓的柔性, 它主要是由于单键的内旋转造成的, 且随着高分子链内、链间相互作用的增强 (例如氢键), 高分子链会逐步由柔变刚. 从生命科学来看, 这是生物高分子向更高级结构过渡的重要结构因素, 从而使世界由无生命到有生命的过渡得以实现.

14.1.1 理想模型: 自由链接

高聚物是非常易弯曲的 (flexible), 这种弯曲是由于化学键的旋转, 见图 14.1(A).

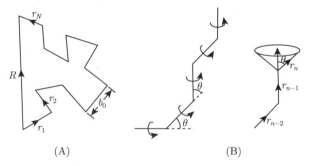

(A)　　　　　　　　　(B)

图 14.1　理想模型, 自由链接

设一个高聚物是由 N 个长度为 b_0 的子单元 (链段或片段) 连接而成的. 请注意这里的 N 并不是高聚物中每个最小单元的数目 (例如聚乙烯中乙烯分子的个数). 这里的 b_0 称为 Kuhn 长度, 其定义下面会讲到, 这个量越大说明高分子链越刚性. 整个高聚物的构象是由 $N+1$

个位置向量 $\{R_n\} = \{R_0, R_1, \cdots, R_N\}$ 决定的，也可以用每个子单元向量来表示，即 $\{r_n\} = \{r_1, r_2, \cdots, r_N\}$，其中 $r_n = R_n - R_{n-1}$ $(n = 1, 2, \cdots, N)$.

所谓理想模型就是假设所有这些 $\{r_n\}$ 都是独立同分布的，则总的构象分布密度为

$$\Psi(\{r_n\}) = \prod_{n=1}^{N} \psi(r_n),$$

其中 $\psi(r) = \dfrac{1}{4\pi b_0^2}$，当 $|r| = b_0$ 时.

实验上最容易测量的是所谓的末端距 (end-to-end distance)，即该高聚物两个端点之间的距离 $R = R_N - R_0 = \sum\limits_{n=1}^{N} r_n$. 因为 $\langle r_n \rangle = 0$，所以 $\langle R \rangle = 0$；而 $\langle R^2 \rangle = N b_0^2 = L b_0$，(思考：三维情况下如何证明？) 其中 $L = N b_0$ 是该高聚物的总长度 (伸直长度)，也是实验可测的.

因此，实验上定义的 **Kuhn 长度** b_0 就是 $\langle R^2 \rangle / L$，记为 L_{K}. 往往 b_0 远大于高聚物最小单元的尺寸，而且考虑到溶液中的高聚物子单元长度都是在不断动态变化的，不可能恒定在某个数 b_0，因此由中心极限定理，r_n 的分布密度可以进一步被认为是高斯的，并以 b_0^2 为方差. 这就是后面要讲的高斯链的由来.

如果对于不同长度的同一种高聚物，Kuhn 长度 b_0 保持不变，则该理想模型最核心的结论就是 $\langle R^2 \rangle \propto L$.

$\langle R^2 \rangle$ 其实还不能通过实验直接测定，能直接通过光散射实验测定的是均方半径，即每个片段的质心到整个高分子链质心距离的平方的平均值的期望，且可以计算出该数值等于 $\langle R^2 \rangle / 6$. (思考：对于三维情形，如何证明？)

14.1.2　自由旋转模型 (受阻内旋转)

理想模型虽然能给出性质 $\langle R^2 \rangle \propto L$，但是该模型的假设并不符合实际，两段相连的高聚物片段之间不可能完全独立. 所以，这里进一步放宽我们的限制，假设每两个相邻的片段之间的角度固定，设为 θ (图 14.1(B)). 为了计算 $\langle R^2 \rangle$，我们必须计算每两段之间的相关性，即

$\langle \boldsymbol{R}_n \cdot \boldsymbol{R}_m \rangle$，其中 $n > m$.

根据假设，我们在给定 $\boldsymbol{r}_m, \cdots, \boldsymbol{r}_{n-1}$ 的情况下，

$$\langle \boldsymbol{r}_n \rangle = \boldsymbol{r}_{n-1} \cos\theta.$$

上式两端分别乘以 $\boldsymbol{r}_m$，然后取期望 (均值)，则得到

$$\langle \boldsymbol{r}_n \cdot \boldsymbol{r}_m \rangle = \cos\theta \langle \boldsymbol{r}_{n-1} \cdot \boldsymbol{r}_m \rangle.$$

再根据 $\langle \boldsymbol{r}_m^2 \rangle = b_0^2$，可以得到

$$\langle \boldsymbol{r}_n \cdot \boldsymbol{r}_m \rangle = b_0^2 (\cos\theta)^{|n-m|} = b_0^2 \exp(|n-m| \ln\cos\theta)$$
$$= b_0^2 \exp(-|n-m| b_0 / l_p).$$

于是这里就有另一个概念出来了，即**持续长度** (persistent length)，它表示这个高聚物的易弯曲程度，定义为

$$l_p = -\frac{b_0}{\ln\cos\theta}.$$

θ 越大，则 l_p 越小.

这里 Kuhn 长度为 (见习题)

$$\frac{\langle \boldsymbol{R}^2 \rangle}{N b_0} = b_0 \frac{1}{\tan^2 \dfrac{\theta}{2}}.$$

注意到 θ 很小时，$\ln\cos\theta \approx \ln\left(1 - \dfrac{\theta^2}{2}\right) \approx -\dfrac{\theta^2}{2}$，所以持续长度约等于 $2b_0/\theta^2$. 此时 Kuhn 长度是持续长度的两倍. 类似结论在下面的蠕虫模型中也会出现.

14.1.3 蠕虫模型

在合适的极限情况下，自由旋转模型可以趋于一个连续模型，称作**蠕虫模型**：当 θ 趋于零，N 趋于无穷，b_0 趋于零的时候，保持 Nb_0 趋于常数 L 及 $\dfrac{1-\cos\theta}{b_0}$ 趋于常数 2λ. 对应上节的结论，$\dfrac{1}{\lambda}$ 就是 Kuhn 长度，$(2\lambda)^{-1}$ 是持续长度.

这些静态模型最终都是要从能量及构象概率分布的角度来研究的. 对于蠕虫模型, 用 $r(s)$ 表示弧长 s 处的构象坐标, $0 \leqslant s \leqslant L$. 在自由的状态下, 能量主要来自弯曲, 称之为**弯曲能量** (bending energy), 定义成

$$E_{\text{bend}} = \frac{1}{2} k_{\text{bend}} \int_0^L \left(\frac{\mathrm{d}\boldsymbol{t}}{\mathrm{d}s} \right)^2 \mathrm{d}s,$$

其中切线单位向量 $\boldsymbol{t} = \dfrac{\mathrm{d}\boldsymbol{r}}{\mathrm{d}s} \Big/ \left\| \dfrac{\mathrm{d}\boldsymbol{r}}{\mathrm{d}s} \right\|$ (图 14.2), k_{bend} 是常数. 蠕虫模型假设了高聚物不可拉伸, 所以有 $\left\| \dfrac{\mathrm{d}\boldsymbol{r}}{\mathrm{d}s} \right\|$ 为常数, 可以设为 1. 如果是 DNA 的话, 还有所谓扭转 (twist) 能量, 具体细节略. 根据 Boltzmann 定律, 每个构象的概率正比于 $\mathrm{e}^{-E_{\text{bend}}/(k_{\text{B}}T)}$.

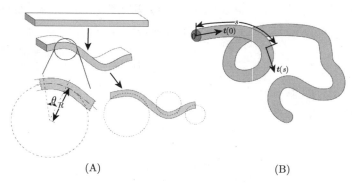

(A)   (B)

图 14.2 柱状物的弯曲

从随机过程的角度出发, 我们还可以用另一种观点来看蠕虫模型, 即把 $\boldsymbol{t}(s)$ 看成单位球表面的布朗运动 (见习题), 于是 $\boldsymbol{r}(s) = \displaystyle\int_0^s \boldsymbol{t}(\tilde{s})\mathrm{d}\tilde{s}$. 设 $\boldsymbol{t}(s)$ 与 $\boldsymbol{t}(0)$ 的夹角为 $\theta(s)$, 则自相关函数为

$$g(s) = \langle \boldsymbol{t}(s) \cdot \boldsymbol{t}(0) \rangle = \langle \cos\theta(s) \rangle.$$

二维情况下, 有

$$g(s) = \frac{1}{\sqrt{4\pi Ds}} \int_0^{2\pi} \mathrm{e}^{-\theta^2/(4Ds)} \cos\theta \mathrm{d}\theta = \mathrm{e}^{-Ds},$$

所以 $l_p = 1/D$, 其中 D 是布朗运动的扩散系数 (标准布朗运动时设为 1).

　　高维情况下, 根据单位球表面布朗运动的性质, 我们可以得到 $\langle \cos\theta(s) \rangle$ 满足的方程为

$$\frac{\partial}{\partial s}\langle \cos\theta(s) \rangle + (d-1)D\langle \cos\theta(s) \rangle = 0,$$

其中 d 是空间维数. 于是我们得到 $\langle \cos\theta(s) \rangle = \exp(-(d-1)Ds)$, 则持续长度为 $\xi_p = \dfrac{1}{(d-1)D}$.

　　当 $d = 3$ 时, $\xi_p = \dfrac{1}{2D} = \dfrac{k_{\text{bend}}}{k_{\text{B}}T}$.

　　下面要计算的是 Kuhn 长度, 即 $L_{\text{K}} = \langle \boldsymbol{R}^2 \rangle / L$, 其中 $\boldsymbol{R} = \boldsymbol{r}(L) = \int_0^L \boldsymbol{t}(s)\mathrm{d}s$ (见习题).

　　如果在高聚物或者蛋白质的一段加上了力 $\boldsymbol{f}$, 那么整个构象的概率分布必将改变, 此时拉伸能量 $E_{\text{tension}} = -k_{\text{B}}T\boldsymbol{f} \cdot \boldsymbol{R}$ 就必须要考虑进来. 我们要研究的是 $\boldsymbol{f}$ 与沿着该力方向的高聚物长度 $\langle z \rangle$ 之间的关系. 该模型的配分函数为

$$Z(f) = \int \exp\left(-\frac{\xi_p}{2}\int_0^L \left(\frac{\mathrm{d}\boldsymbol{t}}{\mathrm{d}s}\right)^2 \mathrm{d}s + f\int_0^L t_z\mathrm{d}s\right)\mathcal{D}\boldsymbol{t}(s),$$

其中 f 为力 $\boldsymbol{f}$ 的大小, t_z 为 $\boldsymbol{t}$ 在 z 方向的分量, $\mathcal{D}$ 是指对所有构象求积分.

　　如果 f 很小, 即 $f\xi_p \ll 1$, 那么可以把 $Z(f)$ 按照 f 展开, 得到

$$Z(f) = Z(0)\left(1 + f\int_0^L \langle t_z(s)\rangle_0\mathrm{d}s + \frac{f^2}{2}\int_0^L \int_0^L \langle t_z(s)t_z(u)\rangle_0\mathrm{d}s\mathrm{d}u\right),$$

这里 $\langle \cdot \rangle_0$ 中的下标 0 表示不加外力的情况. 又因为 $\langle t_z(s)t_z(u)\rangle_0 = \dfrac{1}{3}\langle \boldsymbol{t}(s) \cdot \boldsymbol{t}(u)\rangle_0 = \dfrac{1}{3}\exp\left(\dfrac{-|s-u|}{\xi_p}\right)$, $\langle t_z(s)\rangle_0 = 0$, 而当 $L \gg \xi_p$ 时,

$$\int_0^L \int_0^L \exp\left(\frac{-|s-u|}{\xi_p}\right)\mathrm{d}s\mathrm{d}u \approx 2L\xi_p,$$

所以

$$Z(f) \approx Z(0) \left(1 + \frac{f^2 L \xi_p}{3} \right),$$

从而

$$\langle z \rangle = \frac{1}{k_B T} \frac{\mathrm{d}\ln Z(f)}{\mathrm{d}f} \approx \frac{2f\xi_p L}{3}.$$

该结果和在理想模型上加上力的结果是一样的 (请读者自行验证).

如果 f 很大, 即 $f\xi_p \gg 1$, 此时 $t(s)$ 的方向几乎都是沿着 z, 即 f 的方向, 所以 $t \approx \left(t_x, t_y, 1 - \frac{1}{2}(t_x^2 + t_y^2) \right)$. 代入能量表达式, 得到总能量

$$E_{\mathrm{tot}} \approx \frac{\xi_p k_B T}{2} \int_0^L \left[\left(\frac{\mathrm{d}t_x}{\mathrm{d}s} \right)^2 + \left(\frac{\mathrm{d}t_y}{\mathrm{d}s} \right)^2 \right] \mathrm{d}s - fk_B TL + \frac{fk_B T}{2} \int_0^L (t_x^2 + t_y^2) \mathrm{d}s.$$

我们最终要计算的是

$$\frac{\left\langle \int_0^L t_z \mathrm{d}z \right\rangle}{L} \approx 1 - \frac{1}{2} \frac{\left\langle \int_0^L (t_x^2 + t_y^2) \mathrm{d}s \right\rangle}{L}.$$

为了计算 $\left\langle \int_0^L (t_x^2 + t_y^2) \mathrm{d}s \right\rangle$, 我们需要使用离散傅里叶变换. 令 $\tilde{t}_x(q) = \int_0^L \mathrm{e}^{\mathrm{i}qs} t_x(s) \mathrm{d}s$ 和 $\tilde{t}_y(q) = \int_0^L \mathrm{e}^{\mathrm{i}qs} t_y(s) \mathrm{d}s$, 其中 $q = 2\pi \dfrac{j}{L}$, j 是整数, 则能量表达式就可以写成

$$E_{\mathrm{tot}} = \frac{k_B T}{2} \sum_q (\xi_p q^2 + f)(\tilde{t}_x(q)^2 + \tilde{t}_y(q)^2) \frac{1}{L} - fk_B TL.$$

由于 $(\tilde{t}_x(q), \tilde{t}_y(q))$ 的概率密度正比于 $\exp\left(-\dfrac{E_{\mathrm{tot}}}{k_B T} \right)$, 可以计算出

$$\langle \tilde{t}_x^2(q) \rangle = \langle \tilde{t}_y^2(q) \rangle = \frac{L}{\xi_p q^2 + f}.$$

所以

$$\left\langle \int_0^L (t_x^2 + t_y^2) \mathrm{d}s \right\rangle = \sum_q \frac{1}{L} \langle \tilde{t}_x^2(q) + \tilde{t}_y^2(q) \rangle \approx \int_{-\infty}^{+\infty} \frac{2}{\xi_p q^2 + f} \frac{L}{2\pi} \mathrm{d}q = \frac{1}{\sqrt{f\xi_p}} L.$$

可以得到

$$\frac{\langle z\rangle}{L} \approx 1 - \frac{1}{2\sqrt{f\xi_p}}.$$

这和理想模型当 f 很大时的 $\langle z\rangle - L \sim 1/f$ 是不一样的.

最后, 我们可以用表达式

$$\frac{f\xi_p}{k_B T} \approx \frac{1}{4}\left(1 - \frac{x}{L}\right)^{-2} - \frac{1}{4} + \frac{x}{L}$$

把两个极端连起来, 见图 14.3.

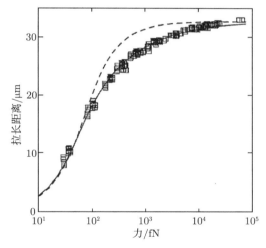

图 14.3 拟合实验数据. 来自文献: Smith S, Marko J F, Siggia E D. Entropic elasticity of (lambda)-phage DNA. Science, 1994, 265: 1599

14.1.4 体斥效应

实际的高聚物运动中, 当两个片段很靠近时, 它们之间会发生相互作用, 其中最常见的是**体斥效应** (exclude volume effect), 说的是每个片段有自己的体积空间, 其他片段不能进入其中, 有排斥效应, 见图 14.4. 该效应最早是库恩 (Kuhn) 发现的, 后来弗洛里发展了它. 这种效应会改变构象的统计性质, 比如 $\langle \boldsymbol{R}^2\rangle$ 不再正比于 L, 而是正比于 L 的更高次方 $L^{2\nu}$, 其中 ν 约等于 $3/5$.

数学模型中用 δ 函数表示这种相互作用,其能量写成

$$U_1 = \frac{1}{2}\alpha k_{\mathrm{B}}T \sum_{n=1}^{N}\sum_{m=1}^{N}\delta(\boldsymbol{R}_n - \boldsymbol{R}_m),$$

其中 α 为常数. 若使用高聚物的局部浓度 $c(\boldsymbol{r}) = \sum_n \delta(\boldsymbol{r} - \boldsymbol{R}_n)$,则

$$U_1 = \int_{\mathbf{R}^3} \frac{1}{2}\alpha k_{\mathrm{B}}Tc^2(\boldsymbol{r})\mathrm{d}\boldsymbol{r}.$$

接下来我们采取弗洛里的近似方法. 首先由理想模型的思路和中心极限定理,我们可以近似认为末端距 $\boldsymbol{R}$ 的分布是高斯的,均值 0,每一维的方差为 $Nb_0^2/3$. 根据 Boltzmann 定律,此时的构象能量为 $U_0 = k_{\mathrm{B}}T\dfrac{3\boldsymbol{R}^2}{2Nb_0^2}$,而同时相互作用能量 U_1 也可以近似成 $\dfrac{1}{2}\alpha k_{\mathrm{B}}T\bar{c}^2 \cdot \dfrac{4}{3}\pi|\boldsymbol{R}|^3 = \dfrac{1}{2}\alpha k_{\mathrm{B}}T\dfrac{N^2}{\frac{4}{3}\pi|\boldsymbol{R}|^3}$,因为我们假设 $c(\boldsymbol{r}) = \bar{c} \approx \dfrac{N}{\frac{4}{3}\pi|\boldsymbol{R}|^3}$. 于是,因为 $\boldsymbol{R}$ 的概率密度正比于 $\exp\left(-\dfrac{U_0 + U_1}{k_{\mathrm{B}}T}\right)$,所以最可能的 $\boldsymbol{R}$ 满足 $|\boldsymbol{R}| \sim N^{3/5} \propto L^{3/5}$.

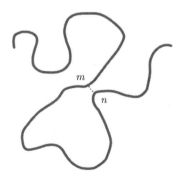

图 14.4 体斥效应

不过该平均场理论也被证明其很多方面并不完全符合实际,所以弗洛里又提出了著名的自回避随机游动模型. 该模型的分析非常困难,至今依然没有得到完全解决.

§14.2 动力学模型

14.2.1 高斯链和 Rouse 模型

前面我们讨论的都是静态模型,但是其实高聚物构象无时无刻不在运动中,所以人们就提出了所谓的高斯链和质量–弹簧模型 (图 14.5).高聚物长链的每一个足够长的片段,比如一个 Kuhn 长度的片段,其构象也不是永远不变的,而长度也一直都在不断伸长和缩短的变化之中.此时 Kuhn 长度就是片段构象沿任一维的标准差.而又根据中心极限定理,其片段构象应该服从高斯分布.这就是高斯链模型,即每个片段的构象分布概率密度为

$$\psi(\boldsymbol{r}) = \left(\frac{3}{2\pi b_0^2}\right)^{3/2} \exp\left(-\frac{3\boldsymbol{r}^2}{2b_0^2}\right),$$

其中 $\boldsymbol{r} = (x, y, z)$,则总的长链构象分布的概率密度为

$$\begin{aligned}
\Psi(\{\boldsymbol{r}_n\}) &= \prod_{n=1}^{N} \psi(\boldsymbol{r}_n) = \prod_{n=1}^{N} \left(\frac{3}{2\pi b_0^2}\right)^{3/2} \exp\left(-\frac{3(\boldsymbol{R}_n - \boldsymbol{R}_{n-1})^2}{2b_0^2}\right) \\
&= \left(\frac{3}{2\pi b_0^2}\right)^{(3/2)N} \exp\left(-\sum_{n=1}^{N} \frac{3(\boldsymbol{R}_n - \boldsymbol{R}_{n-1})^2}{2b_0^2}\right).
\end{aligned}$$

图 14.5 高斯链

根据 Boltzmann 定律,该构象的能量函数为

$$U_0(\{\boldsymbol{r}_n\}) = \frac{3}{2b_0^2} k_{\mathrm{B}} T \sum_{n=1}^{N} (\boldsymbol{R}_n - \boldsymbol{R}_{n-1})^2.$$

如果仔细观察以上的能量函数,我们会发现,这就是把这 N 个链接全

部看成弹簧常数为 $\dfrac{3}{b_0^2}k_B T$ 的弹簧的能量. 所以称该模型为质量–弹簧模型. 这样的高斯链有个很重要的性质: 任何两个节点之间的位置差 $\boldsymbol{R}_n - \boldsymbol{R}_m$ 也服从高斯分布, 即

$$\phi(\boldsymbol{R}_n - \boldsymbol{R}_m) = \left(\frac{3}{2\pi b_0^2 |n-m|}\right)^{3/2} \exp\left(-\frac{3(\boldsymbol{R}_n - \boldsymbol{R}_m)^2}{2|n-m|b_0^2}\right).$$

有了能量函数, 我们就可以讨论动力学, 即一个在力场 $-\dfrac{\partial U_0}{\partial \boldsymbol{R}_n}$ 下的过阻尼的扩散过程, 其噪声项的方差为 $2\zeta k_B T$ (爱因斯坦关系), 于是

$$\zeta \mathrm{d}\boldsymbol{R}_n = -\frac{\partial U_0}{\partial \boldsymbol{R}_n}\mathrm{d}t + \sqrt{2\zeta k_B T}\mathrm{d}\boldsymbol{W}_t \quad (n = 0,1,2,\cdots,N), \qquad (14.1)$$

其中 $\boldsymbol{W}_t$ 为布朗运动. 这就是著名的 **Rouse 模型**.

下面讨论如何来分析该模型. 自然模式分解 (normal mode decomposition) 是一种在频率空间分析该问题的办法, 即傅里叶变换. 其实, 如果我们注意到该扩散模型是线性的, 对其线性部分的系数矩阵进行特征值特征向量分解就会得到频率空间的自然模式.

定义 $\boldsymbol{X}_p = \dfrac{1}{N}\displaystyle\sum_{n=0}^{N}\cos\dfrac{p\pi n}{N}\boldsymbol{R}_n(t)$ $(p = 0,1,2,\cdots,N)$, 则模型 (14.1) 可以分解成 $N+1$ 个简单的扩散模型:

$$\zeta_p \frac{\mathrm{d}\boldsymbol{X}_p}{\mathrm{d}t} = -k_p \boldsymbol{X}_p + \boldsymbol{f}_p,$$

其中 $\zeta_0 = N\zeta$, $\zeta_p = 2N\zeta$ $(p = 1,2,\cdots,N)$, 而 $k_p = \dfrac{6\pi^2 k_B T p^2}{N b_0^2}$, $\boldsymbol{f}_p$ 为噪声项. 最有趣的是这些噪声项 $\boldsymbol{f}_p$ 互不相关, 方差为 $2\zeta_p k_B T$.

我们可以计算每一个模型的自相关函数 $\left(\text{利用 } \zeta_p \dfrac{\mathrm{d}(\boldsymbol{X}_p(t)\boldsymbol{X}_p(0))}{\mathrm{d}t}\right.$ $= -k_p(\boldsymbol{X}_p(t)\boldsymbol{X}_p(0)) + \boldsymbol{f}_p\boldsymbol{X}_p(0)$, 再取均值即可$\Big)$: 当 $p > 0$ 时,

$$\langle \boldsymbol{X}_p(t) \cdot \boldsymbol{X}_p(0) \rangle = \mathrm{e}^{-tp^2/\tau_1},$$

其中 $\tau_1 = \dfrac{\zeta N^2 b_0^2}{3\pi^2 k_{\mathrm B}T}$, 而

$$\langle \boldsymbol{X}_0(t) \cdot \boldsymbol{X}_0(0) \rangle = \frac{2k_{\mathrm B}T}{N\zeta}t.$$

由傅里叶逆变换得到

$$\boldsymbol{R}_n = \boldsymbol{X}_0 + 2\sum_{p=1}^{N} \boldsymbol{X}_p \cos\frac{p\pi n}{N}.$$

因此，我们发现 $\boldsymbol{X}_0 = \dfrac{1}{N}\displaystyle\sum_{n=0}^{N} \boldsymbol{R}_n$ 表示高聚物的质心运动，其扩散系数为

$$D_G = \frac{2k_{\mathrm B}T}{\zeta_0} = \frac{2k_{\mathrm B}T}{N\zeta}.$$

然后，我们还是考虑末端距

$$\boldsymbol{P}(t) = \boldsymbol{R}_N(t) - \boldsymbol{R}_0(t) = -4\sum_{p=1,3,\cdots} \boldsymbol{X}_p(t).$$

其自相关函数为

$$\langle \boldsymbol{P}(t) \cdot \boldsymbol{P}(0) \rangle = Nb_0^2 \sum_{p=1,3,\cdots} \frac{8}{p^2\pi^2}\exp\left(\frac{-tp^2}{\tau_1}\right),$$

弛豫时间为 $\tau_r = \tau_1 = \dfrac{\zeta N^2 b_0^2}{3\pi^2 k_{\mathrm B}T}$.

N 正比于高聚物的相对分子质量 M，所以综上我们知道 $D_G \propto M^{-1}$, $\tau_r \propto M^2$. 但是，实验结果却是 $D_G \propto M^{-1/2}$, $\tau_r \propto M^{3/2}$, 也就是说 Rouse 模型在稀溶液中是不对的，因为我们必须考虑溶液的流体性质.

14.2.2 Zimm 模型

Zimm 注意到 ζ_0 其实并不是 $N\zeta$, 而应为 $6\pi\eta_0 R_e$ (由 Stokes 定律)，其中 $R_e = b_0\sqrt{N}$ 是末端距的标准差. 得到的相应模型就是 **Zimm 模型**. 因此，爱因斯坦关系会告诉我们 $D_G \propto M^{-1/2}$, $\tau_r \propto M^{3/2}$. Zimm 原文中是从流体力学 Navier-Stokes 方程开始推导的，有兴趣的读者可以参看原文.

§14.3 蛋白质折叠模型

蛋白质的基本单位为氨基酸,而蛋白质的一级结构指的就是其氨基酸序列. 蛋白质会由所含氨基酸残基的亲水性、疏水性、带正电、带负电等特性通过残基之间的相互作用而折叠成一个立体的三级结构. 蛋白质折叠问题被列为"21 世纪的生物物理学"的重要课题,它是分子生物学中心法则尚未解决的一个重大生物学问题. 从一级序列预测蛋白质分子的三级结构并进一步预测其功能,是极富挑战性的工作. 研究蛋白质折叠,尤其是折叠早期过程,即新生肽段的折叠过程是全面地阐明中心法则的一个根本问题.

自从 20 世纪 60 年代,Anfinsen 基于还原变性的牛胰 RNase 在不需其他任何物质帮助下,仅通过去除变性剂和还原剂就使其恢复天然结构的实验结果,提出了"多肽链的氨基酸序列包含了形成其热力学上稳定的天然构象所必需的全部信息"的"自组装学说"以来,随着对蛋白质折叠研究的广泛开展,人们对蛋白质折叠理论有了进一步的补充和扩展.

在折叠的机制研究上,早期的理论认为,折叠是从变性状态通过中间态到天然态的一个逐步的过程,是在热力学驱动下按单一的途径进行的. 后来的研究表明,折叠过程存在实验可测的多种中间体,折叠会通过有限的可能路径进行. 其中最负盛名的是能量漏斗模型与 HP 模型.

14.3.1 能量漏斗模型

新的理论强调在折叠的初始阶段存在多样性,蛋白质会通过许多途径进入折叠漏斗 (folding funnel),从而折叠在整体上被描述成一个漏斗样的图像;而折叠的动力学过程伴随有自由能和熵的变化,蛋白质最终会快速寻找到自己的正确的折叠结构. 这一理论称为**能量地形图** (energy landscape). 能量漏斗模型最早是由 Dill, Wolynes 和 Onuchic 等在 20 世纪 80 年代后期到 90 年代中期左右提出的 (图 14.6).

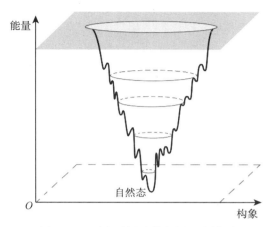

图 14.6   蛋白质折叠的能量漏斗模型

1. Levinthal 悖论

假设所有可能的蛋白质构象都具有相同的概率, 这样能量地形图就像高尔夫场地中有一个洞. 假设蛋白质氨基酸链长度为 M, 每个氨基酸有 6 种可能的位置, 理论上需要穷尽 M^6 种可能性, 这将需要超过宇宙年龄 (100 亿年) 的时间. 这称为 **Levinthal 悖论**.

这个估算的意义在于, 蛋白质中氨基酸移动的速率是有限的, 而计算机计算每种构象对应能量的速率也是有限的, 所以蛋白质不可能通过这种遍历的方式达到自然态, 我们也不可能通过这种方式由一级结构推测自然态的结构 (三级结构). 细胞中蛋白质折叠发生的速率是非常快的, 因此必定存在更加优化的方法.

2. 化学路径模型

为了解释 Levinthal 悖论, 化学家们首先想到的是化学路径, 即存在有限种的路径使蛋白质由非折叠态演化到自然态, 并开始寻找中间态. 但是实验结果却并不太吻合该模型, 出现了许许多多看起来匪夷所思的现象.

3. 能量漏斗模型

能量地形图中应该存在复杂的地形, 除自然态外可能存在多个极小值, 形成能量漏斗. 不同的路径将不再是等概率的, 除自然态外的能量极小值对应的是错误的折叠态 (misfolding). 从能量地形图看, 蛋白质折叠会沿能量漏斗的多个路径发生, 中间经历一系列的中间折叠态; 蛋白质可以处于某些能量面极小值所对应的状态, 但应很快 (与折叠时间相比) 跳出这些状态.

14.3.2 格点模型

有关蛋白质折叠的**格点模型** (也简称为 **HP 模型**), 是由 Dill 和 Chan 等人在 1985 年提出的, 并由此来说明蛋白质折叠的最重要驱动力来自疏水性. HP 模型可分为二维 HP 模型和三维 HP 模型两类. 二维 HP 模型就是在平面空间中产生正交的单位长度的网格, 每个氨基酸分子按在序列中排序的先后顺序依次放置在这些网格交叉点上, 在序列中相邻的氨基酸分子放置在格点中时也必须相邻, 即相邻氨基酸分子在格点模型中的距离为 1. 但是需要注意的是, 网格中的每个交叉点最多只能放置一个氨基酸分子, 如果序列中的某个氨基酸分子已经放置在此位置上, 则后续的氨基酸分子就不可以再放置在这个格点上. 如果在放置氨基酸分子的过程中出现当前所要放置的氨基酸分子没有位置可以放置, 那就说明该构象是不合理的, 需要重新放置. 三维 HP 模型和二维 HP 模型相似, 它是在三维空间中产生的单位长度的立体网格. 格点中放置氨基酸分子的方法和二维的相同, 但在二维 HP 模型中放置氨基酸分子时除了序列前两个氨基酸分子外最多只有三个方向可以选择, 而在三维 HP 模型中复杂度提高了很多, 放置氨基酸分子最多可以有五个方向可选.

HP 模型中有两种氨基酸: 一种是疏水型的氨基酸; 另一种是亲水型的氨基酸. 它们朝内和朝外时所对应的能量是不同的. HP 模型其实和能量漏斗模型的思想是类似的, 都是打破了传统的把蛋白质折叠过程等同于一系列化学反应过程的思路, 用蛋白质的具体链构象来分析蛋白质折叠的过程.

14.3.3 ZSB 化学主方程模型

1992 年, Zwanzig, Szabo 和 Bagchi 利用能量漏斗的思想, 建立化学主方程模型来描述蛋白质折叠的过程, 很好地解释了为什么蛋白质的折叠如此之快.

设该蛋白质分子总共有 $N+1$ 个氨基酸和 N 个化学键. 每个化学键有两种构象: 正确和错误. 每个化学键从正确到错误的转换速率为 k_0, 从错误到正确的转换速率为 k_1. Levinthal 悖论对应于 $k_0 = k_1$. 我们要分析的是当 $k_0 < k_1$ 时, 折叠时间能否大大缩短. 折叠时间被定义为化学键从全部错误到全部正确的首达时的均值.

设 t 时刻恰好有 m 个化学键正确的概率为 $p(m,t)$, 则其满足的化学主方程为

$$\frac{\mathrm{d}p(m,t)}{\mathrm{d}t} = (N-m+1)k_1 p(m-1,t) + (m+1)k_0 p(m+1,t)$$
$$- [(N-m)k_1 + mk_0]p(m,t). \tag{14.2}$$

这就是 ZSB 化学主方程.

令 $\tau(m)$ 为从 m 个正确的化学键出发, 到全部化学键都正确的首达时间的均值. 由强马氏性有

$$\tau(m) = \frac{1}{(N-m)k_1 + mk_0} + \frac{mk_0}{(N-m)k_1 + mk_0}\tau(m-1)$$
$$+ \frac{(N-m)k_1}{(N-m)k_1 + mk_0}\tau(m+1),$$

其中 $\tau(N) = \tau(-1) = 0$.

为了便于计算, 令 $T(m) = \tau(m) - \tau(m+1)$, 则

$$(N-m)k_1 T(m) - mk_0 T(m-1) = 1, \quad Nk_1 T(0) = 1, \quad T(N-1) = \tau(N-1).$$

于是

$$T(m) = \frac{1}{k_0}\sum_{n=0}^{m}\frac{m!(N-m-1)!}{n!(N-n)!}K^{m-n+1}, \quad K = \frac{k_0}{k_1}, \ k_0 \neq 0.$$

当 $K = 1$ 时, $\tau(0) = \sum_{i=0}^{N-1}T(i) \approx \dfrac{2^N}{k_0}$; 当 $k_0 = 0$ 时, $T(m) = \dfrac{1}{(N-m)k_1}$. 在其他情况下, $\tau(m)$ 可以近似为 $\dfrac{1}{Nk_0}(1+K)^N$ (见阅读材料 [1]).

设能量 $U = -k_{\mathrm{B}}T \ln K$, 则不需要 U 很大就可以把折叠时间大大缩短 (图 14.7).

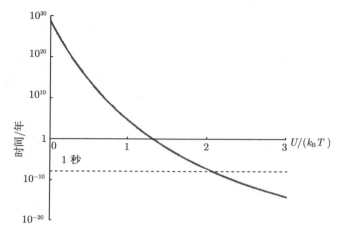

图 14.7 化学主方程模型中的折叠时间

阅 读 材 料

[1] Zwanzig R, Szabo A, Bagchi B. Levinthal's paradox. Proc Natl Acad Sci USA, 1992, 89(1): 20–22.

[2] Doi, Edwards. The Theory of Polymer Dynamics. Oxford: Clarendon Press, 1999.

[3] Rubinstein, Colby. Polymer Physics. Oxford: Oxford University Press, 2003.

[4] Dill A Ken, Bromberg Sarina. Molecular Driving Forces: Statistical Thermodynamics in Chemistry and Biology. London, New York: Garland Science, 2002.

[5] 何平笙. 新编高聚物的结构和性能. 北京: 科学出版社, 2009.

[6] Dill Ken, MacCallum Justin. The protein-folding problem, 50 years on. Science, 2012, 338: 1042.

习　题

1. 对于自由旋转模型，证明：在 N 很大的情况下，有

$$\langle \boldsymbol{R}^2 \rangle \approx N b_0^2 \frac{1+\cos\theta}{1-\cos\theta} = N b_0^2 \frac{1}{\tan^2\dfrac{\theta}{2}}.$$

*2. 从随机过程角度看待蠕虫模型，为什么可以将 $\boldsymbol{t}(s)$ 看成单位球表面的布朗运动？$\left(\text{提示：从概率和能量关系入手，令扩散系数为 } D = \dfrac{k_{\mathrm{B}} T}{2 k_{\mathrm{bend}}}.\right)$

3. 证明：在蠕虫模型下，Kuhn 长度为 $L_{\mathrm{K}} = 2\xi_p$，其中 $\boldsymbol{R} = \boldsymbol{r}(L) - \boldsymbol{r}(0) = \displaystyle\int_0^L \boldsymbol{t}(s)\mathrm{d}s.$ (不用从自由旋转模型收敛过来的方法.)

参 考 文 献

[1] Murray J D. Mathematical Biology. 3rd Ed. New York: Springer, 2003.

[2] Watson J D, Baker T A, Bell S P, et al. Molecular Biology of the Gene. San Francisco: Benjamin Cummings, 2007.

[3] Gardiner C. Stochastic Methods: A Handbook for the Natural and Social Sciences (Springer Series in Synergetics). 4th Ed. Berlin Heidelberg: Springer, 2009.

[4] Alberts Bruce, Johnson Alexander, Lewis Julian, et al. Molecular Biology of the Cell. 5th Ed. New York: Garland Science, 2008.

[5] Sneyd James, Keener James. Mathematical Physiology. 2nd Ed. New York: Springer, 2009.

[6] Cornish-Bowden Athel. Fundamentals of Enzyme Kinetics. 3rd Ed. London: Portland Press, 2004.

[7] Strogatz S H. Nonlinear dynamics and chaos. Massachusetts: Perseus Books Publishing, L L C, 1994.

[8] Fall Christopher P, Marland Eric S, Wagner John M, et al. Computational Cell Biology. New York: Springer, 2005.

[9] Beard D A, Qian H. Chemical Biophysics: Quantitative Analysis of Cellular Systems. Cambridge Texts in Biomedical Engineering. Cambridge: Cambridge University Press, 2008.

[10] Goldbeter A, Koshland, Jr D E. An amplified sensitivity arising from covalent modification in biological systems. Proc Natl Acad Sci USA, 1981, 78: 6840–6844.

[11] Ferrell J, Xiong W. Bistability in cell signaling: How to make continuous processes discontinuous, and reversible processes irreversible. Chaos, 2001, 11: 227.

[12] Karlin S, Taylor H. A First Course in Stochastic Processes. 2nd Ed. New York: Academic Press, 1975.

[13] Karlin S, Taylor H. A Second Course in Stochastic Processes. New York: Academic Press, 1981.

索　引